OLE ROGOWSKI

— FLIEGEN FISCHEN HEUTE

DAS PRAXISHANDBUCH

MIT KOSMOS MEHR ENTDECKEN
YOUTUBE STARS
VERRATEN IHRE TRICKS
SEIT 1822

KOSMOS

Inhalt

WAS IST FLIEGEN-FISCHEN

1. Genau so muss es sein: Eine richtig krumme Rute und jemand der einem beim Landen des Fisches hift.

2. Kann man sie teilen, ist die Freude über den gefangenen Fisch gleich noch größer.

Die Königsdisziplin des Angelns oder die geilste Art zu fischen?

Fliegenfischen wird oft als Königsdisziplin des Angelns bezeichnet.

Das impliziert, dass es etwas ganz Besonderes ist (das mag stimmen) und schwer zu erlernen (das ist Quatsch). Stellen wir es gleich ganz am Anfang klar: Fliegenfischen ist nicht schwer! Sicher, die Wurftechnik ist nicht so intuitiv wie bei anderen Angelmethoden, aber die Grundtechnik lässt sich in ein paar Stunden lernen. Das Wissen, das man über Insekten, die Gewässer und das Verhalten der Fische braucht, können wir uns nach und nach aneignen. Denn beim Fliegenfischen, wie auch bei anderen Angelmethoden, gilt: Je mehr wir über Fische, ihre Nahrung und die Gewässer, in denen sie leben, wissen, desto besser fangen wir.
Statt von der „Königsdisziplin" sprechen wir lieber von der „geilsten Art zu fischen", denn genau das ist Fliegenfischen für uns. Wir wollen damit nicht sagen, dass andere Angelmethoden weniger wert sind, sondern dass für uns das Fliegenfischen am spannendsten ist. Jedes Mal, wenn ich an einen wilden Bach komme und die Fische Insekten von der Wasseroberfläche saugen, bin ich fasziniert und muss kurz innehalten. Obwohl ich es schon tausendmal gesehen habe, ist es für mich eines der beeindruckendsten Naturschauspiele. Und wenn dann Minuten später auch noch einer der Fische (im besten Fall der größte) meine (im besten Fall selbstgebundene) Fliege von der Oberfläche schlürft, könnte ich in diesem Moment kaum glücklicher sein. Genau diese besonderen Momente haben wir bei anderen Angelmethoden nicht erlebt, deshalb ist Fliegenfischen für uns die geilste Art zu fischen.
Warum spreche ich ständig von *wir*? Hier kommen wir zu einem weiteren tollen Aspekt des Fliegenfischens: dem Sozialen. Denn ich bin nicht alleine, es gibt einen Haufen Gleichgesinnter. Selten gibt es Momente, in denen sich zwei Fliegenfischer treffen und sich nichts zu sagen haben. Klar findet man den einen sympathischer als den anderen, aber mit dem Großteil aller Fliegenfischer/innen komme ich gut zurecht. Es gibt natürlich welche, die ich ganz besonders mag und mit denen habe ich mich zusammengetan und FLYRUS gegründet. FLYRUS ist ein Haufen verrückter Typen, die dem Fliegenfischen-Virus verfallen sind (dazu mehr im nächsten Kapitel) und in unserer Fliegenfischer-Schule anderen Befallenen dabei helfen, ihre Symptome zu verschlimmern. Soll heißen, wir bringen in Einsteigerkursen Interessierten das Fliegenfischen bei, helfen ihnen im Rahmen unserer Guidings bei ihren ersten Schritten am Wasser und organisieren Kurzurlaube zu den besten Fliegenfischer-Zielen in Deutschland und Fliegenfischer-Touren weltweit.

1

2

3

Was unterscheidet Fliegenfischen nun grundsätzlich von anderen Angelmethoden? Eine kurze Antwort auf diese Frage ist schwierig, denn die Unterschiede betreffen fast jeden Bereich. Was aber am augenscheinlichsten ist, ist der Unterschied in der Wurftechnik. Bei allen anderen Angelmethoden befindet sich unser Wurfgewicht im oder in der Nähe des Köders (Blinker etc. haben ein Eigengewicht, beim Naturköder-Angeln wird mit Bleigewichten gearbeitet). Zum Auswerfen wird dieses Gewicht nach vorne beschleunigt, dann wird die Schnur freigegeben und der Köder fliegt in die gewünschte Richtung.

Beim Fliegenfischen hat unser Köder nahezu kein Eigengewicht. Die gleiche Wurftechnik wie bei den anderen Angelmethoden würde hier also nicht funktionieren. Unser Wurfgewicht befindet sich in der Schnur und um diese vernünftig auszuwerfen, bedarf es einer speziellen Technik, aber mehr dazu in Kapitel: Die Wurftechnik.

Auch die Ausrüstung beim Fliegenfischen unterscheidet sich massiv. Das fängt bei Ruten, Rollen und Schnur (dazu in Kapitel: Die Ausrüstung mehr) an und hört bei den Ködern auf.

Der Begriff „Fliegenfischen“ lässt vermuten, dass unsere Köder Nachbildungen von Insekten sind, dass muss aber nicht immer der Fall sein. Klar ist dies ein relativ großer Bereich unserer Köder. Vor allem beim Fischen auf Salmoniden (lachsartige Fische) spielen Imitationen von Insekten eine entscheidende Rolle, aber wir können inzwischen fast jedes Nährtier auch mit einem Fliegenköder imitieren. Egal ob Garnele, Krebs, Fisch oder Wurm, alles ist möglich. Selbst ein Stück Brot lässt sich mit einer Fliege nachbilden bzw. vortäuschen. Und auch für Situationen, in denen die Fische gerade nicht an natürlicher Nahrung interessiert sind, können wir sie mit Reiz-Fliegen

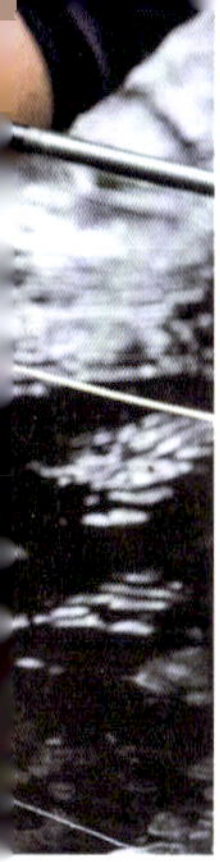

4

5

1. FLYRUS organisiert Kurztrips für Einsteiger zu den schönsten Fliegenfischen-Gewässern.

2. Es gibt nichts Schöneres, als wenn ein Fisch an deine selbst gebastelte Fliege anbeißt.

3. Vor allem die Wurftechnik beim Fliegenfischen unterscheidet sich von der Technik anderer Angelmethoden

4. Oft finden sich die besten Plätze zum Fliegenfischen in einer atemberaubenden Umgebung.

5. Jeder Fisch ist etwas Besonderes, manche Fische sind aber besonderer.

noch zum Anbiss überzeugen (dazu mehr ab Seite 34). Das hat zur Folge, dass wir auch auf jede Fischart mit der Fliege fischen können. Wir sind nicht mehr limitiert auf Forellen und andere Salmoniden, sondern können auch Hechte, Rapfen und sogar Karpfen mit der Fliege fangen (dazu ab Seite 86 mehr). Natürlich unterscheidet sich die Fischerei auf die verschiedenen Fischarten sehr stark, aber es gibt auch Gemeinsamkeiten. Wie wir die verschiedenen Fliegentypen (einige schwimmen auf der Oberfläche, andere sinken) anbieten, hängt zum Beispiel nicht von der Fischart ab, die wir beangeln. Und auch wie wir die Bisse erkennen, den Anhieb richtig setzen und uns im Drill verhalten, ist unabhängig von der Fischart (mehr zur Praxis ab Seite 122). Ab Seite 146 stelle ich verschiedene Fliegenfischer-Ziele in Deutschland vor, um zu zeigen, dass wir nicht immer in die weite Welt hinaus müssen, um in einer traumhaften Umgebung zu fischen und tolle Fische zu fangen. Zum Abschluss der Einleitung noch eine Frage: An wen richtet sich dieses Buch eigentlich? Vor allem an Einsteiger ins Fliegenfischen und welche, die es werden wollen. Ich habe dabei versucht, nichts vorauszusetzten. Wer aber noch nie Kontakt zum Angeln hatte, wird das ein oder andere woanders noch einmal nachlesen müssen. Dafür wird auch der fortgeschrittene Fliegenfischer noch das ein oder andere lernen können. An einigen Stellen werdet ihr QR-Codes finden, die euch direkt zu Videos auf dem FLYRUS-YouTube-Kanal bringen oder Zahlencodes, die auf Videos in der KOSMOS-Plus-App verweisen. Einige fassen ganz kompakt den Inhalt eines Abschnitts zusammen, andere geben euch einen Einblick in die Praxis. Und jetzt bleibt nur noch zu sagen: Viel Spaß beim Einstieg ins Fliegenfischen!

DER FLIEGEN-FISCHEN-VIRUS

1. Aufgeben zählt nicht ..., das gilt besonders beim Fliegenfischen auf Meerforelle.

2. Direkt aus dem Wasser ans Feuer ... was gibt es Besseres?

Warum eigentlich Fliegenfischen?

Als ich im Alter von 18 Jahren den Film „Aus der Mitte entspringt ein Fluss" gesehen habe, war es um mich geschehen.

Brad Pitt schwang gut gekleidet seine Schnur durch die Luft und seine Insekten-Imitation landete sanft auf dem Wasser, um nur Sekunden später von einer riesigen Forelle von der Oberfläche gesaugt zu werden. Genau so wollte ich auch Fische fangen.
Ich war auch schon vorher mit dem Angel-Virus infiziert, aber vom Fliegenfischen hatte ich noch nicht wirklich viel gehört.
Mit vier Jahren hat mich mein Opa zum ersten Mal mit zum Angeln genommen. Wir gingen an einen kleinen Teich, der eher einer Pfütze als einem See glich, montierten unsere Posen-Rute und warfen aus. Eine gefühlte Ewigkeit passierte gar nichts. Wir saßen da in Stille und waren zufrieden. Die Geisteshaltung meines Opas beim Angeln „Zufriedenheit am Nichtstun" (ansonsten arbeitete er immer sehr hart) war als Kind so faszinierend für mich, dass ich beschloss, dies zu perfektionieren. Und plötzlich tauchte die Pose ab, mein Opa schlug an und überreichte mir die Rute. Als wir den Fisch im Kescher hatten, war ich so stolz, dass ich den Rest des Tages schwebte. Die Fischsuppe, die meine Oma aus dem Brassen (einem eher mittelmäßigen Speisefisch) kochte, gehört zu den kulinarischen Highlights meiner Kindheit. In den nächsten Jahren verbrachten mein Opa und ich also so viel Zeit wie möglich an Ufern, auf Stegen oder Booten. Fingen Aale in Berlin, Barsche im Plöner See, Dorsche in der Ostsee, Heringe in der Schlei, Meerforellen in Dänemark, Hechte in schwedischen Seen oder Makrelen und Köhler in norwegischen Fjorden. Mit einsetzender Pubertät musste meine Leidenschaft ruhen und andere Dinge rückten in den Vordergrund ...
Als ich dann Brad Pitt beim Fliegenfischen sah, flammte meine Begeisterung wieder auf. Ich meldete mich zu einem Wurfkurs an, lernte die Wurftechnik, legte mir die entsprechende Ausrüstung zu, eilte ans Wasser - und fing dann erst einmal lange Zeit gar nichts!
Vielleicht hatte ich mir mit der Meerforelle („Fisch der tausend Würfe") bei meinen ersten Versuchen nicht gerade den einfachsten Fisch ausgesucht, aber das Problem lag viel eher darin, dass ich absolut keine Ahnung hatte von dem, was ich tat. Schon alleine beim „Anknüpfen" meines Vorfachs scheiterte ich grandios: Schön dick (0,35 mm), damit es auch eine richtig dicke Meerforelle aushält, und bloß nicht so lang (1,5 m), dann wirft es sich leichter.

Sieht zwar wie eine aus, ist aber keine Meerforelle ..., sondern eine Bachforelle in Neuseeland.

Von der Fliegenauswahl sprechen wir lieber gar nicht erst. Wie gesagt, ich fing erst einmal nichts!
Nach meinem Abitur machte ich dann eine dreiwöchige Reise mit Rucksack, Bahn und Fliegenrute durch Skandinavien und auch hier fing ich trotz ausgiebiger Recherche in den Angelzeitschriften meines Opas (ein wenig oldschool, aber das Internet hatte ich damals noch nicht so richtig für mich entdeckt) und anderer Fischarten (Bachforelle, Hecht, Barsch) nichts.

Also fing ich an, alle Bücher über das Fliegenfischen, die ich irgendwie in die Finger bekommen konnte, zu verschlingen. Das half, aber den ersten Fisch hatte ich immer noch nicht gefangen ...
Dies sollte erst klappen, als ich für meinen Zivildienst für ein Jahr ins Rothaargebirge (NRW) zog. Dort fing ich gleich an meinem ersten Angeltag dank meines angelesenen Wissens meine erste Bachforelle auf eine Hare's-Ear-Nymphe in einem tiefen Pool hin-

ter einer Rausche. Von nun an ging es aufwärts. Am zweiten Tag fing ich mehrere schöne Forellen auf Trockenfliegen. In den nächsten Wochen lernte ich nach und nach mein angelesenes Wissen anzuwenden, verbrachte so viel Zeit wie möglich am Wasser und wurde immer erfolgreicher. Es gab aber immer noch viele Tage, an denen ich Lehrgeld zahlte.

Dann zog ich zum Studium nach Berlin und dachte, meine gerade erst begonnene Fliegenfischer-Karriere wäre wieder vorbei. Zum Glück war dies ein Irrtum, denn mit Hilfe von Mario Mücke (ja, der heißt wirklich so), einem Berliner Fliegenfischer-Urgestein, fand ich schnell einige nette Forellenbäche in der Berliner Umgebung und verbrachte jeden freien Tag an den Brandenburger Forellenbächen. Leider gab es davon neben dem Studium viel zu wenige und so brach ich nach nur zwei Semestern meine Zelte in Berlin wieder ab und machte mich auf den Weg nach Neuseeland, dem Mekka der Forellen-Fischerei. Eine Forelle über 50 cm war der große Traum und ich hatte genug Geld gespart, um sechs Monate über die Runden zu kommen. Das Geld für die weitere Zeit konnte ich mir dank „Work and Travel"-Visum zwischendurch verdienen.

In Neuseeland angekommen zahlte ich erst mal wieder Lehrgeld, denn auch dort fängt sich eine 50 cm Forelle nicht von alleine. Ich musste zunächst lernen, lange Vorfächer zu werfen, denn in dem glasklaren Wasser sind die Fische besonders scheu. Ein zu langer Wurf, bei dem die Wurfschnur über dem Fisch auf dem Wasser landet, und der Fisch ist weg. Als ich Vorfächer von ca. 5 m werfen konnte, lief es. Ich erinnere mich an meine erste 50er-Forelle auf Sicht mit der Nymphe, als wäre es gestern gewesen. Noch am gleichen Tag fing ich eine 10-Pfund-Regenbogenforelle und ich war für alle Mühe entschädigt. Nach sechs Monaten hatte ich viel gefischt und wenig gearbeitet, so dass mein Geld knapp wurde. Dann brach ich mir das Sprunggelenk und meine Zeit in Neuseeland war vorzeitig beendet, ich dem Fliegenfischen aber endgültig hoffnungslos verfallen.

1. Nicht jeder Wurf ist erfolgreich.

2. Mit etwas Geduld und Übung, lässt der Erfolg nicht lange auf sich warten.

1

2

1

2

1. Auch in der Stadt finden sich Fische.

2. In Lappland hatte ich Erfolg auf Saiblinge.

FLIEGENFISCHEN IN DER HAUPTSTADT

Ich ging zurück nach Berlin und setzte, da mir nichts besseres einfiel, mein Studium fort. Zunächst auch mit dem nötigen Enthusiasmus, aber die Zeit zu fischen war immer zu knapp. Ich stellte fest, dass es noch andere Verrückte gab, die auch vom Fliegenfischen-Virus befallen waren. Aus Mangel an Zeit und Transportmöglichkeiten (Autos) fingen wir an, in der Stadt zu fischen. Berlin hat viel Wasser, da muss doch was gehen, dachten wir uns. Zunächst ging aber erst einmal nichts und wir verbrachten die Zeit mit Wurfübungen, Biertrinken und Quatschreden. Nach und nach fanden wir aber heraus, wo die guten Spots waren und wie wir die Fische überlisten konnten. Und so fingen wir über die Jahre jede Menge Barsche, Alande, Brassen und Rapfen in den Kanälen Berlins. Keine Forellen, aber besser als nichts!

Der anfängliche Enthusiasmus am Studium war nach zwei Jahren verflogen und ich musste wieder zum Fischen raus in die Welt, also ging ich für zwei Auslandssemester nach Trondheim (Norwegen) mit dem klaren Ziel, meinen ersten atlantischen Lachs zu fangen. Studiert habe ich in dem Jahr wenig, gefischt dafür umso mehr, und meinen ersten Lachs fing ich gleich am zweiten Angeltag an einem Lachsfluss. Es folgten vier weitere an den nächsten fünf Tagen, die ich an einem Fluss mit Lachsaufstieg verbrachte, und dann die nächsten 14 Tage wieder nichts ... so ist Lachs-Fischen. Das mag nicht für jeden etwas sein, aber viele fasziniert genau diese Unberechenbarkeit der Fischerei. Jeder Fisch ist etwas ganz Besonderes und muss in der Regel hart erarbeitet werden. Wenn ich nicht beim Lachs-Fischen war, verbrachte ich meine Zeit im südlichen Lappland und fischte auf arktische Saiblinge und dicke Bachforellen.

Nach zwölf Monaten ging es zurück nach Berlin, um mein Studium abzuschließen. Das klappte zunächst auch ganz gut, nur beim Schreiben meiner Magisterarbeit tat ich mich schwer und so plante ich (quasi als Motivation) meinen nächsten Fliegenfischen-Trip, dieses Mal durch Nordamerika, für die Zeit nach der Abgabe meiner Arbeit. Die nächsten drei Monate verbrachte ich jedoch mehr Zeit mit der Planung des Trips als mit dem Schreiben der Abschlussarbeit, so dass ich am Tag des Abfluges leider noch nicht fertig war. Und so schrieb ich den Rest meiner Magisterarbeit an den Ufern der weltbekannten Forellenflüsse Montanas. Natürlich habe ich mehr gefischt als geschrieben, aber fertig geworden bin ich trotzdem und habe dabei ein paar tolle Bach- und Regenbogenforellen gefangen.

Nach erfolgreicher Abgabe ging es weiter nach British Columbia zum Fischen auf alle fünf pazifischen Lachsarten. Nach ein paar Wochen kam mein

Kumpel Simon dazu und als wir alle fünf Lachsarten gefangen hatten und der Herbst kam, machten wir uns auf den Weg in Richtung Süden, um in Oregon Steelheads (aus dem Meer aufsteigende Regenbogenforellen) zu fangen. Auch das klappte und auf unserer Reise lernten wir einen Haufen Fliegenfischer-Guides und Fliegenfischer-Schulen kennen, denn in den USA ist Fliegenfischen viel verbreiteter als in Deutschland.

GRÜNDUNG VON FLYRUS

Wir waren begeistert und als wir nach Deutschland zurückkamen, wollten wir unsere Leidenschaft teilen und den Leuten den Einstieg ins Fliegenfischen erleichtern, so wie wir es in den USA gesehen hatten. Also gründeten wir die Fliegenfischer Schule „FLYRUS" (kommt von Fly Fishing Virus) in Berlin. Was zunächst wie eine Schnapsidee klang, erwies sich als perfekte Kombination. In der Großstadt gab es jede Menge Leute, die Sehnsucht nach Natur und Outdoor-Erlebnissen hatten und so waren die ersten Kurse ruckzuck voll. Inzwischen organisieren wir Einsteigerkurse, Guidings und Kurzurlaube in ganz Deutschland und Fliegenfischen-Reisen weltweit. Wer unsere Videos (auf YouTube oder beim RISE Fliegenfischen Film Festival) kennt, weiß, wie groß unsere Leidenschaft für's Fliegenfischen ist. Und diese Leidenschaft versuchen wir weiterzugeben, denn es ist hoffnungslos: Wir sind für immer vom Fliegenfischen-Virus befallen!

Ist man einmal mit dem Fliegenfischen-Virus infiziert, gibt es kein Zurück mehr!

DIE WURF-TECHNIK

1. Um sich am Anfang gar nicht erst irgendwelche Wurffehler anzueignen, empfiehlt sich der Besuch eines Kurses.

2. Wenn du ein paar Regeln beachtest und ein wenig übst, sollte es bald mit dem Werfen klappen

Ohne Wurf geht es nicht

Das erste Handwerkszeug, das du zum Fliegenfischen brauchst, ist die Wurftechnik. Im Gegensatz zu anderen Angelmethoden ist die Wurftechnik beim Fliegenfischen nicht ganz intuitiv.

Wir können nicht einfach die Rute in die Hand nehmen und los geht es. Deswegen nehmen wir uns etwas Zeit, um uns mit der Wurftechnik auseinanderzusetzen. Es ist wiederum auch nicht so, dass die Technik unglaublich schwer zu lernen ist. Entscheidend ist, dass du einige Regeln kennst und diese beachtest. Und diese werden wir uns im Folgenden ausführlich anschauen. Natürlich ist es immer einfacher, wenn jemand dir das Werfen zeigt und danach neben dir steht und Fehler verbessert. Deswegen meine Empfehlung: Besuche (auch wenn du meinst, alles verstanden zu haben) einen Kurs, damit du dir gar nicht erst unnötige Wurffehler antrainierst.

GRUNDLAGEN

Um über die Wurftechnik des Fliegenfischens zu sprechen, macht es Sinn, sich zunächst über ein paar Grundlagen und Grundbegriffe zu verständigen. Dabei müssen wir nicht jedes Detail besprechen, sinnvoller ist es, sich auf die Basics und relevanten Infos zu konzentrieren.

Unterschied zum konventionellen Angeln

Befassen wir uns zunächst mit dem Unterschied zu anderen Angelmethoden. Der entscheidende Unterschied, neben einigen Unterschieden in der Ausrüstung, ist, dass sich unser Wurfgewicht nicht im Köder (Spinnfischen) oder in der Nähe des Köders (wie z. B. beim Stippfischen) befindet. Unsere Köder („Fliegen“) haben praktisch kein Eigengewicht. Versuchen wir sie mit der gleichen Technik wie bei anderen Angelmethoden auszuwerfen, wird nicht viel passieren. Die Fliegen werden gemütlich vor unseren Füßen auf den Boden segeln.

Das Wurfgewicht beim Fliegenfischen liegt in der Schnur. Deshalb sieht die Schnur auch anders aus als bei anderen Angelmethoden. Es ist keine einfache monofile Nylon-Schnur. Sie sieht stattdessen ein bisschen aus wie eine Wäscheleine (mehr zum Aufbau der Schnur ab Seite 67). Und um diese Schnur auszuwerfen, brauchen wir eine spezielle Technik, um die es im Folgenden gehen wird.

Mit den Feinheiten können wir uns später noch beschäftigen.

Auch bei widrigen Bedingungen, wie Regen und Wind, lässt sich mit der Fliege fischen.

Physik des Fliegenwerfens

Die Überschrift klingt erst mal kompliziert. Aber das ist es nicht! Wir wollen uns in diesem Abschnitt nicht mit komplexen physikalischen Zusammenhängen beschäftigen, sondern nur kurz verstehen, wie ein Wurf beim Fliegenfischen funktioniert. Als erste Annäherung hier eine kleine Anekdote aus meiner Kindheit: Ich lief mit einem spitzen Stock durch den Garten und habe heruntergefallene Äpfel aufgespießt, um diese dann durch die Gegend zu schießen. Dafür habe ich den Stock schnell nach vorne bewegt und dann sehr abrupt angehalten. Der beschleunigte Apfel rutschte vom Stock und flog durch die Luft. Vom Prinzip her funktioniert die Wurfbewegung beim Fliegenfischen ähnlich. Wir beschleunigen unsere Rute und halten sie dann sehr abrupt an. Dabei wird die Energie von der Rute auf die Schnur übertragen. Was die Rute dabei macht, lässt sich gut am Pfeil-und-Bogen-Prinzip erklären. Wir spannen unsere Rute wie einen Bogen (wir sagen dazu: wir laden unsere Rute auf) und die Energie von der „gespannten“ (aufgeladenen) Rute wird dann auf die Schnur wie von dem Bogen auf den Pfeil übertragen und fliegt nach vorne. Mehr Physik brauchen wir nicht zum Fliegenfischen. Wir brauchen nicht berechnen, wann, wie oder wo irgendwelche Energien und Kräfte wirken. Das überlassen wir den Herstellern von Fliegenruten …

Grundbegriffe: Leerwürfe, Schlaufe & Co.

Jetzt wo wir das Grundprinzip des Werfens beim Fliegenfischen verstanden haben, sollten wir noch ein paar Grundbegriffe klären. Diese Begriffe werden im Folgenden immer wieder fallen und deshalb ist es gut zu wissen, was genau damit gemeint ist. Die ersten beiden sind die Ruten- und die Schnurhand. Die Rutenhand ist die Hand, die die Rute hält. Die Schnurhand ist die Hand, die die Schnur hält (und sie händelt, aber das brauchen wir erst später). Auch die nächsten beiden Begriffe erklären sich fast von selbst. Der Rückschwung ist die Rückwärtsbewegung beim Werfen, der V orschwung ist die Vorwärtsbewegung. Leerwürfe sind die Würfe zwischen Abheben und Ablegen der Schnur.
Sie sind dafür da, unsere Fliege zu trocknen (bei Fliegen, die schwimmen sollen), die Schnur zu verlängern und um zu zielen. Das abrupte Anhalten der Rute am Ende der Vor- und Rückwärtsbewegung bezeichnen wir als Stopp.
Der letzte Begriff, mit dem wir uns auseinander setzen müssen, ist die Schlaufe. Unsere Schnur rollt sich beim Werfen in Schlaufen-Form ab. Dabei ist unser Ziel eine möglichst kleine und gleichmäßige Schlaufe. Eine große Schlaufe ist extrem windanfällig und bei einer ungleichmäßigen Schlaufe geht viel Energie verloren. Später mehr dazu, wie wir eine möglichst kleine und gleichmäßige Schlaufe erhalten.

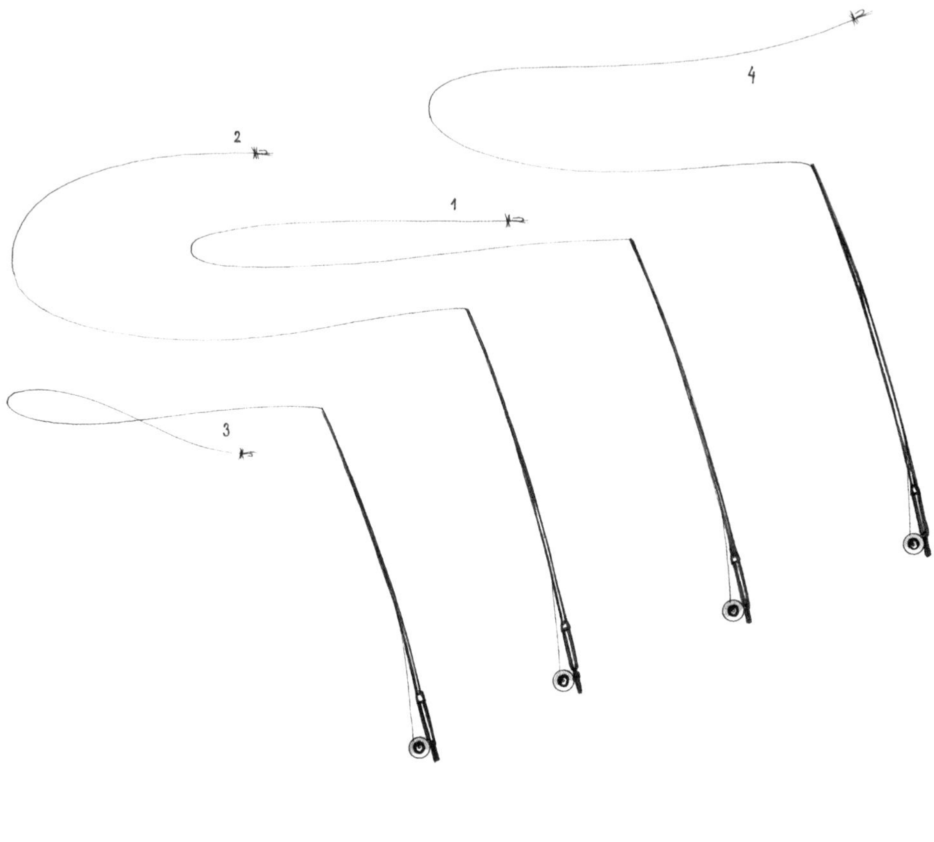

Schlaufenformen: 1 perfekte Schlaufe (klein und gleichmäßig), 2 zu große Schlaufe, 3 Tailing Loop, 4 ungleichmäßige Schlaufe

IMMER SCHÖN STEIF

Das Handgelenk ist beim Werfen steif, die Wurfbewegung kommt aus dem Ellenbogengelenk.

DER EINFACHE ÜBERKOPFWURF

Kommen wir jetzt zum Basiswurf des Fliegenfischens: Der einfache Überkopfwurf. Auf diesem Wurf bauen alle weiteren Würfe auf. Du solltest diesen Wurf im Schlaf beherrschen, bevor du dich mit anderen Würfen beschäftigst. Es sei hier nochmal wiederholt: Das Werfen beim Fliegenfischen ist nicht schwer, du musst nur einige wichtige Regeln berücksichtigen.

Körperhaltung und Wurfablauf

Gucken wir uns zunächst unsere Körperhaltung an. Wir stellen uns schulterbreit hin, nehmen die Rute in die Rutenhand und lassen den Arm entspannt an der Seite unseres Körpers herunterhängen. Jetzt winkeln wir den Arm im Ellenbogengelenk 90 Grad an. Dies ist unsere Ausgangsposition zum Werfen.

Die Bewegung kommt aus dem Ellenbogengelenk, nicht aus dem Handgelenk und nicht aus der Schulter. Die Schulter sollte entspannt sein und ganz wichtig: Das Handgelenk ist steif! Der Teil des Armes, der beim Werfen arbeitet, ist der Unterarm, nicht der ganze Arm. Der Oberarm macht wenig und ist dicht am Oberkörper.

Früher wurde Leuten, die Fliegenfischen lernen wollten, ein Buch unter die Achsel geklemmt und es durfte nicht runterfallen. Heißt: der Oberarm sollte ständig an den Oberkörper gedrückt werden. Ganz so streng sehen wir das heute nicht mehr, aber der Oberarm sollte bei der Wurfbewegung möglichst dicht am Oberkörper sein.

Beschäftigen wir uns nun mit dem Wurfablauf. Wir starten mit relativ wenig Schnur, ungefähr doppelte Rutenlänge (also ca. 6 m) und vor uns liegender Schnur. Wir führen die Rute zurück und beschleunigen sie dabei bis hin zu einem abrupten Stopp, warten darauf, dass die Schnur sich nach hinten ausstreckt. Ist dies geschehen, beschleunigen wir die Rute nach vorne und stoppen am Ende unserer Vorwärtsbewegung wieder abrupt ab. Die Schnur fliegt nach vorne und streckt sich aus. Jetzt haben wir unseren ersten Leerwurf abgeschlossen und das ganze beginnt von Neuem. Rute nach hinten beschleunigen, abrupt stoppen, Schnur streckt sich nach hinten, Rute nach vorne beschleunigen, abrupt stoppen und die Schnur streckt sich nach vorne. Die Anzahl der Leerwürfe hängt u. a. von der Menge an Schnur ab, die ausgebracht werden soll. Unser Ziel sollte aber immer sein, die Anzahl an Leerwürfen zu reduzieren, da sie eine gewisse Scheuchwirkung auf die Fische haben und umso länger wir die Schnur in der Luft halten, desto wahrscheinlicher ist es, dass sich Wurffehler einschleichen. Um unsere Schnur dann am Ende des Wurfes auf dem Wasser abzulegen, senken wir die Rute nach dem Stopp Richtung Wasseroberfläche ab. Dazu später mehr.

Ganz wichtig! Handgelenk steif, Oberarm dicht am Körper und die Bewegung kommt aus dem Ellenbogengelenk

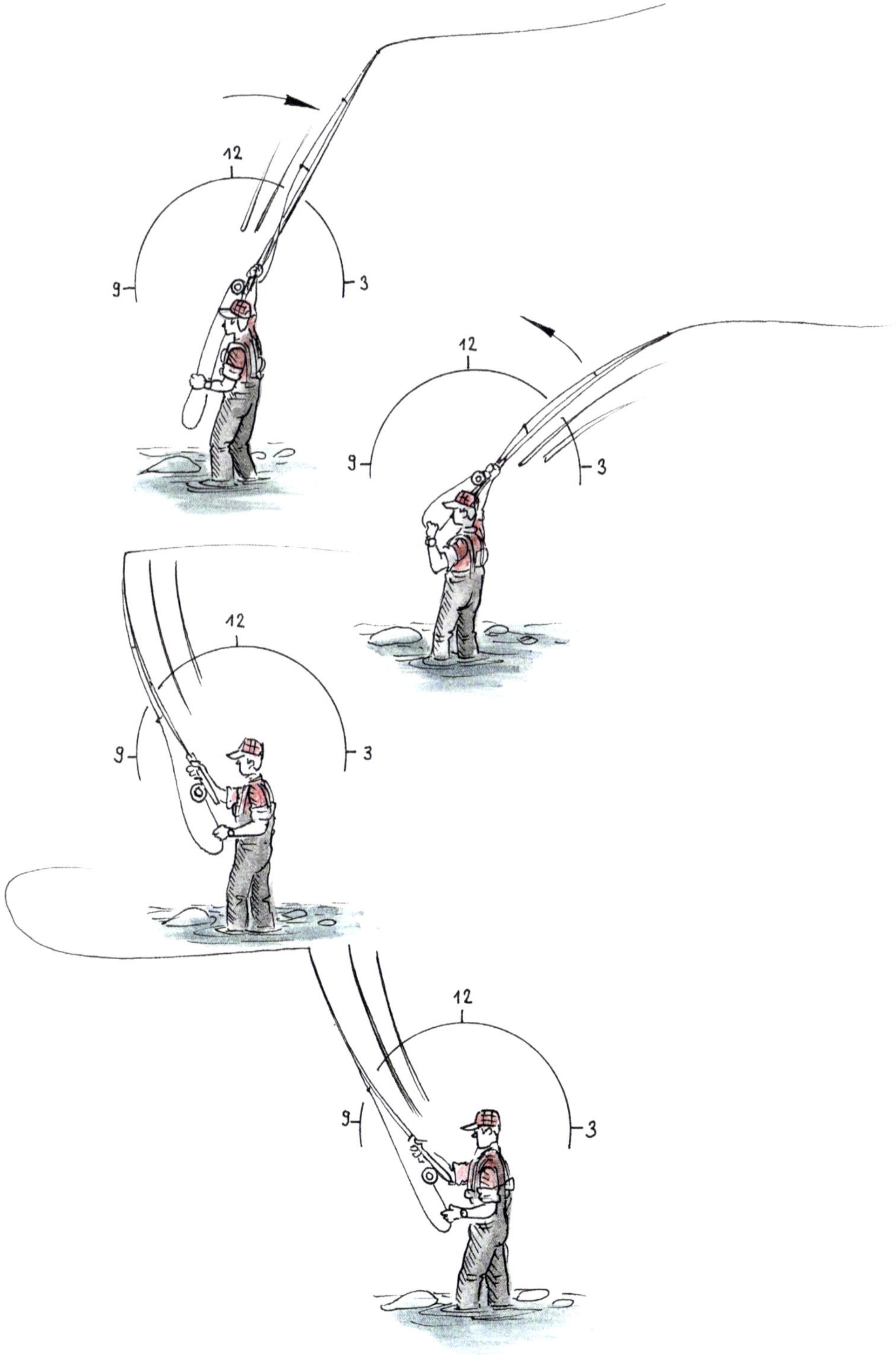

Wurfablauf

Wurfwinkel und Stopps

In welchem Bereich bewegen wir nun beim Wurf unsere Rute? Wenn wir uns vorstellen, dass wir vor einem großen Ziffernblatt stehen und 12 Uhr sich direkt über unserem Kopf befindet, bewegen wir die Rute im Bereich zwischen 11 und 1 Uhr. Wir machen also eine relativ kleine Bewegung mit unserer Rute. Diese kleine Bewegung reicht vollkommen aus, um die Rute so aufzuladen, dass wir genug Energie entwickeln, um unsere geringe Schnurmenge zu beschleunigen und dahin zu bekommen, wo wir sie haben wollen.
Bis zu einer Schnurlänge von ca. 8 m können wir den Winkel so beibehalten. Werfen wir mit mehr Schnur, vergrößern wir den Wurfwinkel schrittweise bis maximal 10 und 2 Uhr. Wichtig ist auch, dass wir ihn gleichmäßig vergrößern. Wenn wir unseren Stopp bei der Rückwärtsbewegung bei halb zwei setzen, muss unser Stopp bei der Vorwärtsbewegung bei halb elf liegen und so weiter. Wir werfen niemals in einem Winkel zwischen 3 und 9 Uhr. Da wir mit der Rutenspitze die Richtung für die Schnur vorgeben, würde unsere Schnur vorne und hinten aufs Wasser bzw. den Boden aufkommen. Das ist nicht nur hinderlich beim Werfen, sondern verscheucht auch die Fische. Ein möglichst kleiner Wurfwinkel führt dazu, dass unsere Schnur als Richtungsvorgabe „nach vorne“ und nicht „nach unten“ bekommt. So fällt es deutlich leichter, weiter zu werfen und unsere Schnur gestreckt auszubringen.
Das genaue Einhalten des Wurfwinkels ist außerdem eine Voraussetzung für eine möglichst kleine und gleichmäßige Schlaufe.
Die zweite entscheidende Voraussetzung dafür ist, dass wir unsere Rute (und unsere Rutenspitze) auf einer parallel neben dem Körper liegenden Bahn bewegen. Man könnte auch sagen: Wir zeichnen mit der Rutenspitze eine parallel neben unserem Körper liegende Linie nach und das bei jedem Vor- und Rückschwung. Dies ist mathematisch nicht ganz korrekt, da eine Linie nicht parallel zu einem Punkt (unserem Körper) liegen kann. Wir stellen uns also eine Linie durch unseren Körper vor, die unserer Blickrichtung folgt, wenn wir geradeaus gucken. Parallel zu dieser Linie sollten wir unsere Rute führen.
Die Stopps sind, wie schon erwähnt, das sehr abrupte Anhalten der Rute am Ende der Vorwärts- und Rückwärtsbe-

Wurfwinkel mit Ziffernblatt

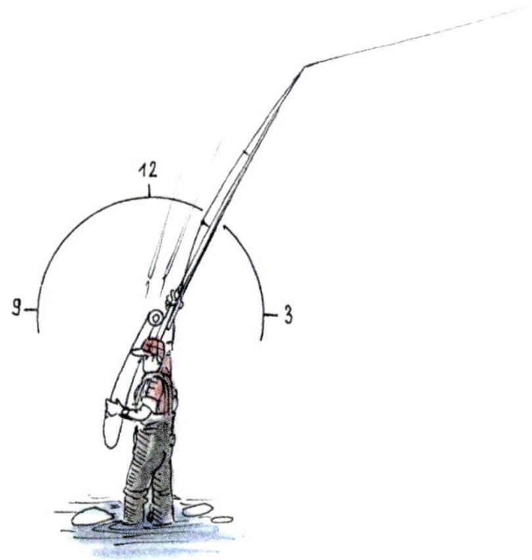

wegung. Dies ist der Moment der Kraftübertragung von der Rute auf die Schnur. Wir laden unsere Rute bei der Vorwärts- bzw. Rückwärtsbewegung auf, speichern also Energie in der Rute. Indem wir die Rute in eine Richtung beschleunigen und das relativ träge Gewicht der Schnur in die entgegengesetzte Richtung zieht, biegt sie sich. In dem Moment, in dem wir die Rute anhalten, kann die Rute wieder in ihre Ausgangsposition (gerade gestreckte Rute) zurückschnellen. Dabei überträgt sie die gespeicherte Energie auf die Schnur. Stoppen wir die Rute nicht abrupt ab, sondern bremsen sie langsam ab, findet keine optimale Energieübertragung statt. Stattdessen nehmen wir die Energie langsam wieder aus der Rute und übertragen nur einen Teil auf die Schnur. Unsere Schnur bekommt nicht ausreichend Energie, um sich vernünftig zu strecken. Also merken: Immer schön definierte Stopps am Ende der Bewegung setzen!

Eine relativ kleine und gleichmäßige Schlaufe sollte dein Ziel sein.

BEWEGUNG & STOPP

Wir bewegen die Rute zwischen 11 und 1 Uhr auf einem imaginären Ziffernblatt und setzen klare Stopps am Ende der Bewegung.

Wurf-Rhythmus und Schnurstreckung

Ein weiterer wichtiger Aspekt beim Werfen ist der Rhythmus, in dem wir unsere Wurfbewegung ausführen. In welcher Geschwindigkeit wir also Rückwärts- und Vorwärtsbewegung aufeinander folgen lassen. Auch der Wurf-Rhythmus hängt direkt mit der Aufladung (also Energieentwicklung) unserer Rute zusammen. Um dies zu verstehen, müssen wir uns noch einmal vergegenwärtigen, dass unser Wurfgewicht in unserer Wurfschnur liegt. Wir brauchen das Wurfgewicht, um unsere Rute zu laden und dafür ist es wichtig, dass wir so viel Gewicht zur Verfügung haben wie möglich. Das heißt, wir nutzen optimalerweise die komplette Schnur, die wir in der Luft haben, um unsere Rute zu laden. Wir müssen also nach unserem Stopp darauf warten, dass sich die komplette Schnur ausgestreckt hat und an unserer Rutenspitze zieht, bevor wir die Bewegung in die andere Richtung beginnen.
Nur bei einer komplett ausgestreckten Schnur nutzen wir das gesamte Gewicht der sich in der Luft befindlichen Schnur, um die Rute zu laden.
Aus dieser Gegebenheit ergibt sich auch unser Wurf-Rhythmus. Wenn wir nach dem Stopp immer auf die komplette Streckung der Schnur warten, ergibt sich ein 4-Takt-Rhythmus: 1. Rückschwung mit Stopp 2. Warten auf die Streckung der Schnur 3. Vorschwung mit Stopp 4. Warten auf die Streckung der Schnur. Dieses Warten darauf, dass sich die Schnur komplett ausgestreckt hat, fällt vielen Einsteigern ins Fliegenfischen nicht ganz leicht, da sie es von anderen Angelmethoden nicht gewöhnt sind, es ist aber essenziell. Als kleine Hilfestellung kannst du einfach mitzählen 1, 2, 3, 4 und wieder von vorne. Was am Anfang auch hilft, ist den Kopf mitzudrehen und zu gucken, was die Schnur macht, aber das solltest du dir nicht angewöhnen, sonst bekommst du Nackenbeschwerden. Mit der Zeit wird der Wurf-Rhythmus sowieso in Fleisch und Blut übergehen. Ein abschließender Tipp noch: Versuche, dir eine saubere Technik anzutrainieren und möglichst wenig Kraft beim Werfen zu benutzen, dann ist das Werfen weniger anstrengend und du hast mehr Kontrolle dabei.

Lass dir die Wurftechnik bei Fragen lieber noch einmal erklären.

GESTRECKT

Wurfbewegung im 4-Takt-Rhythmus und immer warten bis zur kompletten Schnur-Streckung.

SCHNUR VERLÄNGERN

Jetzt noch ein paar Dinge, die nicht nur fürs Werfen, sondern auch für das Fischen an sich von Bedeutung sind. Bisher haben wir immer mit der gleichen Schnurlänge gearbeitet. Jetzt gucken wir uns an, wie wir auch weiter

werfen. Um Fische zu fangen, müssen wir nicht zwangsläufig weit werfen. Die meisten Fische werden im Bereich zwischen 8 und 10 Metern gefangen. Aber es ist natürlich sinnvoll, unterschiedliche Distanzen werfen zu können, um Fische in unterschiedlichen Entfernungen anfischen zu können. Das Werfen unterschiedlicher Distanzen beim Fliegenfischen funktioniert nicht wie bei den anderen Angelmethoden. Dort regulieren wir die Wurfweite über die Kraft, die wir beim Wurf einsetzen, und da der Bügel der Rolle offen ist, wird die Schnur automatisch hinterhergezogen. Beim Fliegenfischen funktioniert die Rolle anders und wir müssen die Schnur vor dem Wurf von der Rolle ziehen. Bitte nicht während des Wurfes, dabei beschädigst du die Schnur. Außerdem ist es gerade am Anfang koordinativ eine Herausforderung, sich auf Werfen und Schnur-Abziehen gleichzeitig zu konzentrieren.

Wir haben nun ein paar Meter lose Schnur vor uns auf dem Boden bzw. Wasser liegen und wir halten die Schnur mit der Schnurhand fest, damit sie nicht während des Wurfes unkontrolliert durch die Ringe rutscht. Es gibt nun zwei unterschiedliche Möglichkeiten, die Schnur zu verlängern, um auf größere Wurfdistanzen zu kommen.

Die erste Möglichkeit ist am Ende des Wurfes. Unser Wurf verändert sich dabei nicht, der einzige Unterschied ist, dass wir die Schnur nach unserem letzten Stopp freigeben. Die vor uns auf dem Boden bzw. Wasser liegende Schnur wird jetzt von der sich streckenden Wurfschnur hinterhergezo-

Zielgenaues Ablegen erfordert etwas Übung.

101

Hier geht es zum Film: Grundregeln des sauberen Werfens

gen und wir kommen auf eine größere Wurfweite. Nachteil dieser Variante der Schnurverlängerung ist, dass wir die genaue Länge unseres Wurfes nur über die Menge an von der Rolle gezogener Schnur kontrollieren können. Die zweite Möglichkeit der Schnurverlängerung bietet sich während des Wurfes. Diese Variante ist deutlich präziser. Habe ich einen Fisch in 10 Meter Entfernung entdeckt, kann ich ihn mit dieser Methode zielgenauer anwerfen und riskiere nicht, ihn zu überwerfen und dabei zu verscheuchen. Nachteil ist, dass diese Variante ein wenig komplexer ist als die erste. Um unsere Schnur während des Wurfes zu verlängern, geben wir sie nach dem Stopp kurz mit der Schnurhand frei, so dass ein kleines Stück Schnur nachrutschen kann. Am Anfang wirklich mit kleinen Mengen (vielleicht 20 cm) anfangen, wir können uns dann später steigern. Sind die 20 cm durch die Finger der Schnurhand gerutscht, halten wir die Schnur wieder fest und beginnen mit unserer Bewegung in die entgegengesetzte Richtung. Wir können sowohl beim Rück- als auch beim Vorschwung die Schnur verlängern. Zunächst würde ich aber empfehlen, es nur in eine Richtung zu tun, das ist koordinativ leichter. Also noch mal der Ablauf stichwortartig: Rückschwung, Stopp, Schnur kurz freigeben, Schnur streckt sich, Schnur wieder festhalten, Vorschwung, Stopp und so weiter. Wichtig zu berücksichtigen ist, dass wir, unseren Wurf nun auf die unterschiedlichen Schnurlängen anpassen müssen. Je mehr Schnur wir in der Luft haben, desto mehr Energie brauchen wir um die Schnur durch die Luft zu befördern. Wir öffnen dann also, wie oben erwähnt, unseren Wurfwinkel, um einen längeren Beschleunigungsweg zu haben. Ein zweiter wichtiger Aspekt ist, dass wir auch unseren Wurf-Rhythmus anpassen müssen. Je mehr Schnur wir in der Luft haben, desto länger dauert es logischerweise auch, bis sie sich komplett ausgestreckt hat.

Wurf-Rhythmus und -Winkel müssen bei unterschiedlichen Schnurlängen angepasst werden

ZIELEN UND ABLEGEN

Das Zielen beim Fliegenfischen funktioniert intuitiv. Es gibt keine Zieleinrichtung oder Hilfestellung wie das Peilen über die Rutenspitze. Bei jedem Wurf speichert das Gehirn die Wurfbewegung und die Stelle, an der die Fliege gelandet ist, so ergibt sich mit der Zeit eine „Datenbank" mit Informationen der Form „wenn ich die Rute auf dieser Bahn nach vorne bewege, landet meine Fliege an Stelle X". Bei dem einen geht das relativ schnell, bei dem anderen dauert es länger. Das Einzige was du machen kannst, um es zu beschleunigen, ist viel fischen!

Beim Ablegen der Wurfschnur auf dem Wasser ist eigentlich alles wie bei den vorherigen Vorschwüngen, mit dem Unterschied, dass nach der Streckung der Schnur nach vorne kein erneuter Rückschwung folgt. Stattdessen wird die Rute, möglichst im gleichen Tempo, wie auch die Schnur Richtung Wasser fällt, bis zur Wasseroberfläche abgesenkt. Wichtig ist auch hier, dass du darauf wartest, dass die Schnur sich komplett gestreckt hat. Senkst du die Rute zu früh, nimmst du Energie aus deinem Wurf. Senkst du sie zu spät, wird die Schnur zurückgezogen und du hast bei gesenkter Rute lose Schnur unter der Rutenspitze. Es ist alles eine Frage des richtigen Timings und Übungssache, aber nicht besonders schwer.

DOPPELZUG UND TRICKWÜRFE

Jetzt noch ein paar Worte zu Würfen für Fortgeschrittene. Eine Weiterentwicklung des einfachen Überkopfwurfes ist der Doppelzug. Beim Doppelzug wird, wie der Name schon vermuten lässt, doppelt gezogen und zwar mit der Schnurhand an der Schnur einmal während des Rückschwungs und einmal während des Vorschwungs. Dies dient dazu, eine höhere Beschleunigung zu erzielen und dadurch mehr Wurf-Energie zu generieren. Die Ausführung erfordert ein gewisses koordinatives Geschick und der einfache Überkopfwurf sollte im Schlaf beherrscht werden, bevor wir uns an den Doppelzug heranwagen. Es gibt eine Reihe weiterer Würfe für Fortgeschrittene, zum Beispiel die sogenannten wassergeladenen Würfe wie Switch- oder Spey-Cast. Außerdem gibt es eine Menge an Trickwürfen für Spezialsituationen, wie zum Beispiel den Schlangenwurf, um bei starker Strömung viel lose Schnur aufs Wasser zu legen. Aber auf diese Würfe weiter einzugehen, würde hier den Rahmen sprengen.

Eine gute Wurftechnik erhöht auch deine Chance auf größere Fische.

WENIGER IST MEHR

Beim Werfen führen wenig Kraft und saubere Technik zu weniger Anstrengung, aber mehr Kontrolle.

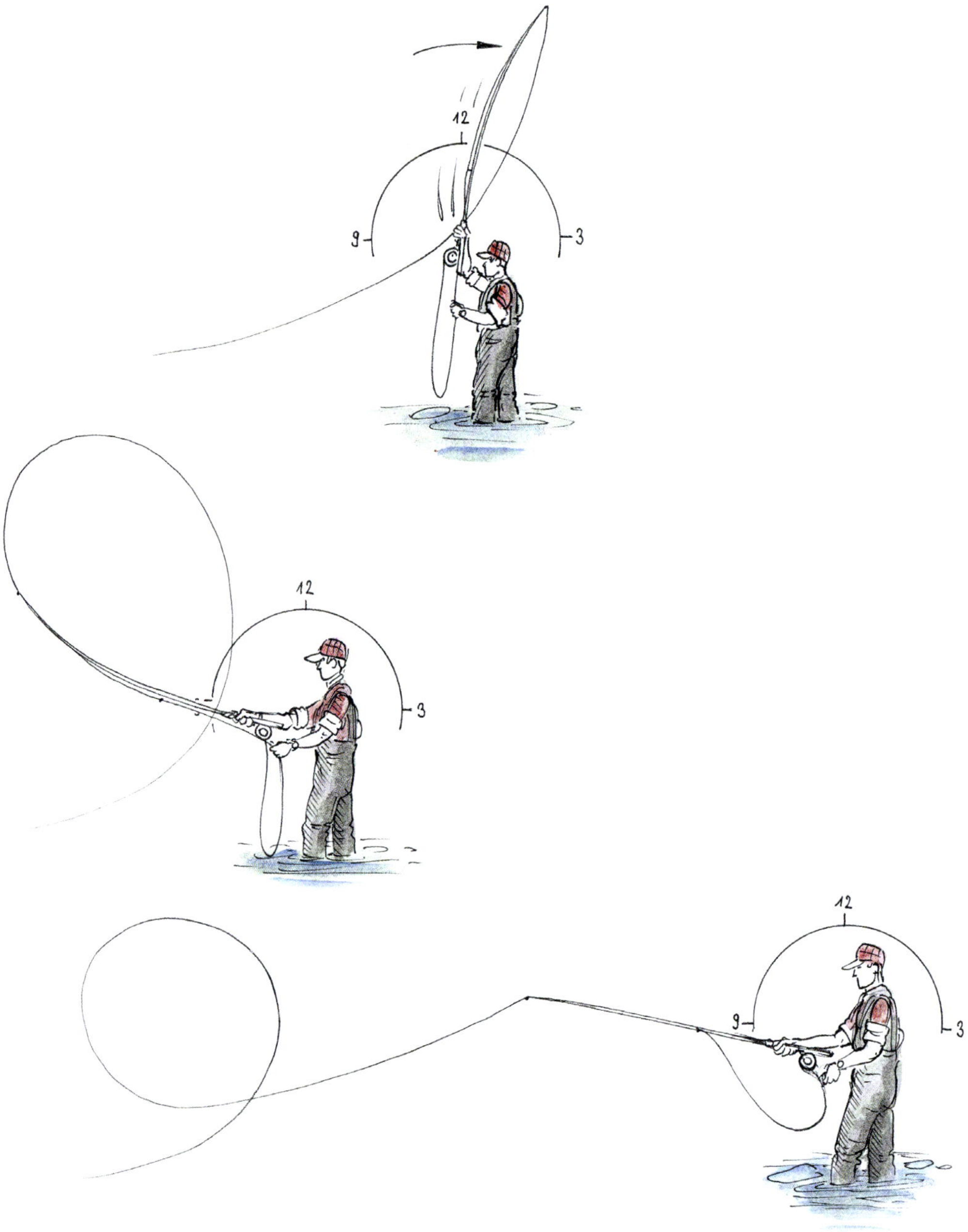

Der Rollwurf

REGELN DES SAUBEREN WERFENS

- Handgelenk steif
- Wurfwinkel: zwischen 11 und 1 Uhr
- klare Stopps am Ende des Vor- und Rückschwungs
- Bewegung im 4-Takt-Rhythmus
- Warten auf Schnur-Streckung

1

2

3

ROLLWURF

Der Rollwurf ist ein Spezialwurf für alle Situationen, in denen wir keinen Platz für den Rückschwung im Rückraum haben. Also wenn zum Beispiel Bäume am Ufer hinter uns stehen. Er ist relativ einfach, hat aber seine Grenzen, was die Wurfweite betrifft. Bis zu 10 Metern können wir gut mit ihm arbeiten, darüber hinaus wird es schwierig. Zweiter Nachteil ist, dass Richtungswechsel während des Wurfes nicht möglich sind. Wir müssen die Schnur vorher auf dem Wasser umlegen, wenn wir unsere Wurfrichtung ändern wollen.

Der Rollwurf zählt zu den wassergeladenen Würfen. Das heißt, wir laden unsere Rute mit Hilfe der Oberflächenspannung des Wassers. Wir beginnen den Wurf mit ausgestreckter Schnur auf dem Wasser. Heben die Rutenspitze an und führen sie zurück bis in die 11-Uhr-Position. Dabei sollte sich eine Schlaufe hinter uns bilden (der sogenannte D-Loop). Das Ganze passiert relativ langsam, so dass die Schnur immer Wasserkontakt hat. Der Rest ist ähnlich wie der Vorschwung beim einfachen Überkopfwurf: Wir beschleunigen die Rute nach vorne bis hin zu einem abrupten Stopp bei circa 10 Uhr. Die Schnur rollt sich nach vorne über dem Wasser aus, daher der Name. Während die Schnur sich streckt, senken wir die Rute bis zur Wasseroberfläche ab. Einfach, aber effektiv.

KÖDER- UND INSEKTEN-KUNDE

1. Die Meerforelle fand die Garnele verlockend, hat aber nicht gesehen, dass die ganze Sache einen Haken hat ...

2. Fliegenbinden ermöglicht dir, deine eigenen Vorstellungen umzusetzen.

Namensgebend

Ein absolut elementarer Bereich beim Fliegenfischen ist, wie der Name schon vermuten lässt, der Bereich Fliegen. So werden die Köder beim Fliegenfischen bezeichnet.

Ich hatte weiter oben schon erwähnt, dass das Wort „Fliegen" erst mal irreführend sein kann. Jede/r denkt erst mal an Insekten und das ist auch richtig, denn der größte Teil unserer Köder beim Fliegenfischen imitieren Insekten. Aber eben nicht alle.

Doch über das Imitieren von Insekten ist Fliegenfischen vermutlich entstanden. Ein Angler sah, dass Fische Insekten von der Wasseroberfläche fressen und hat sich eines dieser Insekten als Köder an den Haken gemacht. Wahrscheinlich musste er relativ schnell feststellen, dass die Insekten aufgrund ihres weichen Körpers schlecht am Haken hielten. Er stellte dann wohl die ersten Kunstfliegen aus Naturmaterialien wie Wolle und Federn her, indem er diese Materialien auf einem Haken so fixierte, dass sie einem Insekt ähnlich sahen.

Das Herstellen von Kunstfliegen bezeichnen wir heute als „Fliegenbinden" und der Vielfalt an Materialien, die dafür verwendet werden, sind keine Grenzen gesetzt. Von den unterschiedlichsten Tierhaaren über Metallperlen bis zu Schaumstoffen und Glitzerfäden (ähnlich wie Lametta). Es hat sich quasi eine eigene Disziplin entwickelt und es gibt Leute, die verbringen inzwischen mehr Zeit (und haben mehr Spaß) mit dem Herstellen der Fliegen als beim eigentlichen Fischen. Hier intensiver auf das Fliegenbinden einzugehen, würde zu weit führen. Nur noch soviel: Einen Fisch mit einer selbst gebundenen Fliege zu fangen, ist etwas ganz Besonderes!

Der sortierte Fachhandel bietet inzwischen eine riesige Auswahl an Fliegen an, aber alles gibt es eben doch nicht zu kaufen und gerade bei stark beangelten Fischen fängt eine selbst gebundene Fliege, die etwas anders aussieht als alle anderen, oft besser. Außerdem sind wir flexibler, wenn wir unsere Köder der jeweiligen Situation sozusagen in Echtzeit anpassen können. Natürlich binden wir selten Fliegen direkt am Wasser (auch wenn ich das schon gemacht habe), aber wir können uns nach dem Angeltag hinsetzen und unsere Erkenntnisse in einer neuen Fliege umsetzten und am nächsten Tag erfolgreicher fischen.

Zusätzlich zu Insekten können wir beim Fliegenfischen aber auch einen Haufen anderer Nährtiere imitieren. Eigentlich ist alles möglich. Insektenlarven, die im Wasser leben, und andere Wasserbewohner wie Bachflohkrebse oder Fische sind gar kein Problem. Aber auch Garnelen, Kaulquappen oder Krebse lassen sich gut mit der Fliege imitieren. Hier macht der Begriff „Fliege" eigentlich keinen Sinn mehr, aber er wurde immer für die Köder beim Fliegenfischen benutzt und wird nun auch für die Köder verwendet, die wenig bis gar nichts mit echten Fliegen, also Insekten, zu tun haben.

1

2

1. Verschiedene Streamer zum Fischen auf Hecht

2. Diese Bachforelle ist auf die Imitation einer ausgewachsenen Eintagsfliege hereingefallen.

WELCHE FLIEGEN GIBT ES?

Da wir unterschiedliche Nährtiere und teilweise auch unterschiedliche Lebensstadien einiger Nährtiere imitieren, haben sich verschiedene Fliegentypen herausgebildet. Die ersten Fliegen, die es gab, waren vermeintliche „Allround-Fliegen". Sie waren Imitationen von Insekten und wurden in erster Linie eingesetzt, um auf das Wasser gefallene oder schlüpfende Insekten nachzubilden. Hergestellt wurden sie aus Wolle, Tierhaaren und Federn. Gefettet schwammen sie mehr schlecht als recht auf der Wasseroberfläche. Ungefettet sanken sie ins Wasser und stellten ein schlüpfendes oder versunkenes Insekt dar (damals wurde dabei noch nicht genau differenziert).
Mit der Zeit wurde mit unterschiedlichen Materialien experimentiert und festgestellt, dass einige besser schwammen als andere, und diese wurden dann verwendet, um Fliegen herzustellen, die nur auf der Oberfläche schwimmen sollten. Die Trockenfliege war geboren. Es war aber bekannt, dass die Fische auch Nahrung unter der Oberfläche aufnehmen und so verwendete man Materialien, die sanken, um Nährtiere zu imitieren, die sich unter der Wasseroberfläche befanden. Diese Fliegen wurden logischerweise als Nassfliegen bezeichnet.
Diese Systematik hatte relativ lange Bestand, bis sich vor ca. 120 Jahren die Erkenntnis verbreitete, dass ein Großteil der Nahrung von Forellen aus Insektenlarven besteht. Es musste eine genauere Imitation als die Nassfliegen her: die Geburtsstunde der Nymphen. Inzwischen haben Untersuchungen des Mageninhalts von Fischen, vor allem von Forellen, gezeigt, dass ca. 80 % ihrer Nahrung aus Insektenlarven besteht.

Bei diesen Untersuchungen kam auch heraus, dass große Forellen gerne andere Fische fressen. Außerdem wurden auch andere (Raub-)Fischarten für das Fliegenfischen entdeckt, und um diese zu beangeln, brauchte es Imitationen von Fischen. Diese bezeichnen wir als Streamer. In diese Kategorie fallen aber auch Imitationen von anderen Nährtieren wie zum Beispiel Garnelen. Unterm Strich kann man sagen: Wir versuchen in der Regel das mit unseren Fliegen zu imitieren, was die Fische gerade fressen. In manchen Situationen funktioniert dies nicht, dann benutzen wir „Reizfliegen", die keine Imitationen von Nährtieren darstellen, sondern den Fisch zum Anbiss reizen sollen. Sie arbeiten mit auffälligen Farben oder schön im Wasser spielenden Materialien und funktionieren aufgrund der Aggressivität bzw. Neugier von Fischen. Wie wir diese unterschiedlichen Fliegen-Typen dem Fisch präsentieren, dazu kommen wir ausführlich im Kapitel „Die Praxis".

102

Hier geht es zu noch mehr Fliegen.

KLEINE INSEKTENKUNDE

Wenn wir mit der Fliege fischen wollen, kommen wir nicht umhin, uns ein wenig mit Insekten auseinanderzusetzen. Natürlich können wir auch einfach immer ziellos eine Fliege ans Vorfach knoten und hoffen, dass die Fische sie interessant finden. Unser Fangerfolg wird sich dann aber an vielen Tagen in Grenzen halten. Mit ein paar grundlegenden Kenntnissen über

ÜBERSICHT ÜBER FLIEGENTYPEN

Fliegen-Typ	Imitation von	Beispiele	Für welche Fischart?
Nymphen	Insektenlarven	Phesant Tail, Hare's Ear	Forelle, Äsche, Saibling, Weißfisch, Barsch
Nassfliegen und Aufsteiger	zur Wasseroberfläche aufsteigende oder schlüpfende Insekten	March Brown, Alexandra, Klinkhammer	Forelle, Äsche, Saibling
Trockenfliegen	aufs Wasser gefallene oder an der Wasseroberfläche geschlüpfte Insekten	Adams, Elk Hair Caddis, Stimulator	Forelle, Äsche, Saibling, Weißfisch
Streamer	kleinen Fischen, aber auch Garnelen, Amphibien oder Mäusen	Wooly Bugger, Clouser Deep Minnow, Muddler & Zonker	Forelle, Barsch, Hecht, Rapfen
Reizfliegen	nichts, spielen mit Farben, Bewegung und Glitzereffekten	Lachsfliegen, Chernobyl Ant,	Raubfisch, Lachs
Sonstiges	Brotfliegen, Fischeiern, Algen	Bonio, Roe Bug	Karpfen, Forelle, Meeräsche

die verschiedenen Insektenarten, die sich am Wasser rumtreiben, erhöhen wir unsere Fangaussichten massiv. Hier geht es nicht darum, eine genaue (wissenschaftlich korrekte) Systematik der Insekten wiederzugeben, sondern viel mehr praxisrelevante Vereinfachungen vorzunehmen. Deswegen unterscheiden wir ganz grundlegend zwischen Wasser- und Landinsekten.
Wasserinsekten verbringen den Großteil ihres Lebens im Wasser. Der Lebenszyklus vieler Wasserinsekten läuft sehr ähnlich ab. Die Eier werden ins Wasser gelegt, sinken zum Gewässergrund und nach einiger Zeit schlüpfen aus ihnen die Larven. Diese leben unter Steinen, an Wasserpflanzen oder schwimmen frei. Sie wachsen und häuten sich einige Male, bis sie ausgewachsen sind. Dann schwimmen sie zur Wasseroberfläche und dort schlüpft aus der Larvenhülle das erwachsene Insekt. Außerhalb des Wassers paaren sie sich, die Weibchen kommen zurück zum Wasser, um die Eier abzulegen, und der Zyklus beginnt von neuem.
Landinsekten dagegen verbringen den Großteil ihres Lebens an Land. Ihr Lebenszyklus interessiert uns nur begrenzt, da sie erst dann für die Fische als Nahrung infrage kommen, wenn sie auf der Wasseroberfläche landen. Was vorher passiert, braucht uns nicht zu interessieren. Gucken wir uns jetzt ein paar Insektenfamilien bzw. -gruppen genauer an.

Eintagsfliege

Wir beginnen mit den Eintagsfliegen, da sie unter Fliegenfischern die meiste Aufmerksamkeit bekommen. Und das,

Lebenszyklus von Wasserinsekten

obwohl sie mit ca. 200 Arten in Europa nicht mit den meisten Arten der Wasserinsekten vertreten sind. Sie werden aber sehr gerne von Fischen gefressen, was wahrscheinlich daran liegt, dass sie relativ leichte Beute darstellen. Je nach Art leben die Larven an unterschiedlichen Stellen im Gewässer. Welche Art wo vorkommt hat vor allem auch mit der Beschaffenheit des Gewässers zu tun.
Die sogenannten Steinklammerer leben an Steinen auch in schneller Strömung, frei schwimmende Arten eher in Seen und langsam fließenden Gewässern. Sich eingrabende Arten (z. B. die Larve der Maifliege) benötigen weichen Untergrund, und Krautkletterer logischerweise Wasserpflanzen im Gewässer. In diesem Stadium wird die ein oder andere Larve von der Strömung erfasst, treibt durchs Wasser und kann leicht von den Fischen gefressen werden. Dies können wir mit einer bewegungslos durchs Wasser treibenden Nymphe imitieren. Sind die Larven dann ausgewachsen, schwimmen sie zur Wasseroberfläche, um zu schlüpfen, und sind erneut leichte Beute für die Fische. Dieses Stadium können wir mit einer Nymphe oder einer Nassfliege, die langsam durchs Wasser gezogen wird, imitieren.
Durchbricht die Larve die Oberfläche, platzt ihre Haut auf und es schlüpft das fertig entwickelte Insekt aus der Larvenhaut. Die Eintagsfliege sitzt dann noch einige Zeit auf der Wasseroberfläche und wartet darauf, dass ihre Flügel getrocknet sind. Sie ist dann noch nicht flugfähig und bewegt sich in der Regel auch nicht. Auch in diesem Stadium wird sie gerne von den Fischen gefressen und wir imitieren sie dann mit der Trockenfliege. Sind die Flügel getrocknet, fliegt das Insekt zum Ufer

Eintagsfliegen-Imago an Land

und häutet sich im Uferbewuchs sitzend noch mal. Dann ist es geschlechtsreif und der typische Hochzeitsflug der Eintagsfliege beginnt. Dabei fliegen die Weibchen meist über Büschen oder an Bäumen hoch in die Luft und segeln dann mit ausgebreiteten Flügeln wieder Richtung Boden. Die Männchen umkreisen sie und versuchen, sich an ihnen festzuklammern. Es bilden sich teilweise große Schwärme und ein beeindruckendes Schauspiel. Nach der Paarung kehren die Weibchen zum Wasser zurück und beginnen mit der Eiablage. Dafür fliegen sie übers Wasser und tippen kurz mit dem Hinterleib aufs Wasser, wobei ein Eipaket abgelegt wird. Sind alle Eier abgelegt, sind die Eintagsfliegen so erschöpft, dass sie mit ausgebreiteten Flügeln aufs Wasser fallen und veren-

1. Larve einer Eintagsfliege

2. Eintagsfliegen-Spent auf dem Wasser

3. Eintagsfliege – Original und Imitation

1

2

3

den. Wir fischen hier wieder mit der Trockenfliege, brauchen aber andere Muster als zuvor. Beim Fischen mit der Trockenfliege unterscheiden Fliegenfischer deshalb zwischen Dun (frisch geschlüpfte Eintagsfliege), Spinner (geschlechtsreife Eintagsfliege) und Spent (auf der Wasseroberfläche verendende Eintagsfliege).
Der Name der Eintagsfliege kommt von der relativ kurzen Lebensdauer des adulten Insekts. Bei einigen Arten ist es weniger als ein Tag. Für die Auswahl unserer Fliege ist es nicht nötig, dass wir vorher die Eintagsfliegen-Art bestimmen oder genau wissen, wann welche Art schlüpft. Wir können uns einfach daran orientieren, was wir durch die Luft fliegen sehen. Außerdem ist es nicht so wichtig, das genaue Aussehen der Eintagsfliege nachzubilden, es reicht in der Regel aus, wenn die grobe Silhouette stimmt.
Im Ruhezustand sind die großen Flügel aufgestellt und können nicht über dem Körper zusammengeklappt werden. Außerdem haben sie einen länglichen Körper, an dessen Ende sich zwei Schwanzfäden befinden. Die Beine werden mit der sogenannten Hechel (einer um den Haken gewickelten Hahnenfeder) imitiert. Sie trägt auch zur Schwimmfähigkeit der Fliege bei. Die aufgestellten Fiebern der Federn halten die Fliege in Verbindung mit der Oberflächenspannung über Wasser. Wichtiger als das Fliegenmuster ist meist die richtige Präsentation (aber dazu später mehr). Wichtig ist, dass die Silhouette, die Größe und die grobe Farbe (hell oder dunkel) stimmen. Ein Muster, das in keiner Fliegendose fehlen sollte, ist die „Adams". Mit ihr habe ich meinen ersten Fisch auf Trockenfliege gefangen, und viele weitere folgten.

Köcherfliege

Viel anders verhält es sich auch bei der Köcherfliege nicht. Wir können uns auch hier daran orientieren, was wir in unmittelbarer Umgebung zum Gewässer finden und danach unsere Fliege auswählen. Die Köcherfliege ist das mit ca. 400 Arten in Europa am stärksten verbreitete Wasserinsekt. Sie sehen ein wenig aus wie eine Motte. Sie haben einen länglichen Körper und die Flügel sind im Ruhezustand dachförmig über diesem gefaltet. Auffällig sind auch ihre langen Antennen am Kopf. Nebenbei: Die Schlammfliege sieht zwar aus wie eine Köcherfliege, ist aber keine, sondern gehört zu der Familie der Blattlauslöwen und ist als Nahrung eher weniger relevant.
Köcherfliegen kommen sowohl in fließenden als auch in stehenden Gewässern vor. Ihr Name kommt daher, dass viele Arten im Larvenstadium Köcher zum Schutz vor Fressfeinden bauen und um sich darin zu verpuppen. Dafür benutzen sie je nach Art unterschiedliche Materialien, zum Beispiel kleine Steinchen oder Stöckchen. Diese Köcher kleben sie an Steine oder Wasserpflanzen und werden so nicht von der Strömung mitgerissen. Den Fi-

Larven im Köcher zweier unterschiedlicher Köcherfliegen-Arten

schen sind die Köcher relativ egal, sie werden einfach mitgegessen und dann wieder ausgeschieden. Manchmal findet man im Magen einer Forelle viele dieser Köcher und weiß dann, dass dieser Fisch Köcherfliegen gefressen hat. Wenn du also einen Fisch mitgenommen hast, guck auf jeden Fall, was er im Magen hatte. Das gibt dir wichtige Erkenntnisse darüber, was die Fische gerade fressen.

Der Lebenszyklus der Köcherfliege unterscheidet sich von dem der Eintagsfliege nur in einem Punkt. Sobald die Larven ausgewachsen sind, verpuppen sie sich in ihrem Köcher. Wie bei einem Schmetterling entwickelt sich in diesem Kokon das fertige Insekt. Ist es soweit, schlüpft die Puppe aus dem Köcher und schwimmt zur Oberfläche, dort bricht die Hülle auf und die erwachsene Köcherfliege kriecht aus der Puppenhülle. Einige Köcherfliegen-Arten verfolgen nun eine andere Strategie als die Eintagsfliegen („Bloß nicht bewegen, dann sieht mich bestimmt keiner …“). Sie versuchen so schnell wie möglich von der Wasseroberfläche wegzukommen. Flattern mit den Flügeln, heben kurz ab und landen wieder auf dem Wasser. Manchmal laufen sie auch übers Wasser in Richtung Ufer und machen dabei eine kleine Bugwelle. All das erregt natür-

Köcherfliege – Original und Imitation

Steinfliege – Original und Imitation

lich die Aufmerksamkeit der Fische und es passiert nicht selten, dass ein Fisch sich auf das flüchtende Insekt stürzt.
Zwei absolute Klassiker unter den Köcherfliegen-Imitationen sind die Rehhaar-Köcherfliege (Elk Hair Caddis) und die Goddard Sedge. Sie existieren zwar schon länger und benutzen keine modernen Materialien, sind aber immer noch wahnsinnig fängig und sollten in keiner Fliegendose fehlen.

Steinfliege

Die Steinfliege ist mit ca. 150 Arten in Europa verbreitet und bevorzugt Fließgewässer mit steinigem Untergrund. Auch der Lebenszyklus ist dem der Eintagsfliege recht ähnlich. Die Larven schwimmen aber nicht zum Schlüpfen an die Wasseroberfläche, sondern kriechen an Zweigen, Wasserpflanzen oder Steinen aus dem Wasser (daher der Name). Der Schlupf-Prozess findet dann komplett außerhalb des Wassers statt. Dabei schält sich die Steinfliege aus der Larvenhülle. Da die Hülle für das ausgewachsene Insekt eigentlich zu klein ist, kann das eine Weile dauern. Wenn du mal die Möglichkeit hast, dieses Naturschauspiel zu sehen, solltest du dir die paar Minuten Zeit nehmen. Sie besitzen zwei Flügelpaare, die im Ruhezustand flach über den Körper gelegt sind. Die meisten Steinfliegen sind schlechte Flieger und bewegen sich relativ unkoordiniert durch die Luft.
Beim Fischen mit Steinfliegen-Imitationen nutzen wir entweder Nymphen als Imitation der Larve oder Trockenfliegen, um das erwachsene Insekt zu imitieren. Eine Must-Have-Fliege, wenn wir an Gewässern unterwegs sind, an denen es Steinfliegen gibt, ist der „Stimulator". Mit ihm kann man auch noch andere Insekten wie zum

Beispiel Grashüpfer imitieren, was ihn besonders attraktiv macht.

Libellen, Mücken & Co.

Es gibt neben den für uns Fliegenfischer drei wichtigsten Familien (Eintags-, Köcher- und Steinfliegen) noch eine Reihe anderer Insekten, die den Großteil ihres Lebens im Wasser verbringen. Die wichtigsten Vertreter sind dabei die Mücken, zu denen auch die Schnaken gehören. Es gibt eine riesige Anzahl verschiedener Mückenarten, die wir als Fliegenfischer aber nicht unterscheiden müssen. Uns reicht als Information, dass die verschiedenen Arten in Farbe und Größe variieren. Vor allem bei der Imitation der im Wasser lebenden Larven ist die richtige Auswahl von Farbe und Größe entscheidend. Manchmal fangen kleine rote Larvenimitationen (imitieren Zuckmückenlarven) gut, zu einer anderen Zeit größere olivfarbene.
Genau wie die Mücken spielen auch Libellen eine größere Rolle beim Fischen in Seen. In fließenden Gewässern sind sie eher von untergeordneter Rolle. Und auch hier sind die Larven von größerer Bedeutung als das erwachsene Insekt. Libellenlarven leben räuberisch und werden teilweise recht groß, was sie natürlich für die Fische als Beute interessant macht.
Schwimm- und Wasserkäfer wie der Gelbrandkäfer sind, wenn überhaupt, nur in stehenden Gewässern als Nahrung für Fische und damit für uns als Fliegenfischer wichtig. Auch wasserliebende Landwanzen wie Wasserläufer oder Wasserwanzen wie Rückenschwimmer sind nur begrenzt als Nahrung von Bedeutung. Es gibt zwar Situationen, in denen Imitationen Fische fangen, aber in der Regel gibt es eine andere Fliege, die besser funktioniert.

Landinsekten

Alle Landinsekten, also Insekten, die den Großteil ihres Lebens an Land bzw. in der Luft verbringen, die auf dem Wasser landen können, sind potenziell interessant. Das schließt alle Insekten aus, die in der Erde leben oder sich nur auf dem Boden fortbewegen.

Für uns relevant sind vor allem (aber nicht ausschließlich) fliegende Landinsekten. An windigen Tagen sind fast alle Fluginsekten attraktiv, da ihr Flugverhalten stark beeinträchtigt ist und sie immer mal wieder unbeabsichtigt auf dem Wasser landen. An schwülen Sommer- und warmen Herbsttagen schwärmen zum Beispiel fliegende Ameisen aus, um sich zu paaren. An Bächen, die durch Wiesen mit guten Grashüpfer-Beständen fließen, hüpft immer mal wieder einer aufs Wasser. An Flüssen mit überhängenden Ästen von Büschen und Bäumen fallen unachtsame Spinnen und Käfer aufs

Die Wahl der richtigen Fliege kann für den Fangerfolg entscheidend sein.

In ruhigem Wasser hat der Fisch lange Zeit, sich die Fliege anzuschauen. Da braucht es manchmal eine sehr genaue Imitation.

Wasser. Es kommt immer auf das jeweilige Gewässer und dessen Umgebung an, welche Landinsekten besonders bedeutend sind. Grundsätzlich kann man aber sagen, dass die Insekten am interessantesten sind, die am meisten vorkommen. An manchen Tagen sind dies Schnaken, an anderen zum Beispiel die Märzfliege, auch genannt Hagedornfliege (lat. Bibio marci). Sie lebt gerne in der Nähe von Gewässern und schwärmt vor allem im April, nicht, wie der Name vermuten lässt, im März.

Da die Landinsekten sehr unterschiedlich aussehen, benötigen wir in der Regel für jedes Insekt eine eigene Imitation. Eine Spinne können wir auch mit einer Allround-Trockenfliege imitieren, aber bei einem Käfer funktioniert dies eher nicht. In der Regel habe ich vom späten Frühjahr bis in den frühen Herbst immer eine Ameisen-, Käfer- und Grashüpfer-Imitation dabei, um für alle Fälle ausgerüstet zu sein.

SONSTIGE NÄHRTIERE

Zusätzlich zu den Insekten gibt es wie schon erwähnt eine Reihe anderer Tierchen, die als Nahrung für Fische infrage kommen und die wir mit unseren Ködern imitieren können. Ganz oben auf der Liste stehen natürlich Fische. Je nachdem, welche Fischart wir beangeln, und je nach Gewässer kommen unterschiedliche Fischarten in Betracht. In Mittelgebirgsbächen kommen häufig Elritzen und Mühlkoppen vor, die gerne von Forellen gefressen werden. Das heißt nicht, dass Forellen nicht auch andere Fische fressen, wenn vorhanden. Sie sind nicht sehr wählerisch und nehmen das, was sie kriegen können. Im See gibt es eine deutlich höhere Bandbreite an Fischen, die als Nahrung für Räuber infrage kommen.

Von Stichlingen über unterschiedliche Weißfischarten bis zu Barschen wird zum Beispiel vom Hecht alles gerne gefressen. In der Ostsee haben wir verschiedene Grundeln, Sandaale und Heringe. Je nachdem, welche Fischart gerade am meisten vorkommt, sollten wir die Farben und Größe unseres Streamers wählen.
Eine weitere interessante Gruppe sind die Krebstiere. Der wichtigste Vertreter für uns Fliegenfischer ist der Bachflohkrebs. Er lebt im Süßwasser und ernährt sich von totem Pflanzenmaterial. Haben wir also viele Pflanzen im Wasser oder Bäume am Ufer, deren Blätter ins Wasser fallen, gibt es oft Bachflohkrebse in großen Mengen. Dann lohnt es sich immer, eine Imitation ans Vorfach zu knoten.

Fun-Fact: Durch den hohen Anteil an Betacarotin in ihrem Panzer sind sie oft auch für die rote Färbung des Forellenfleisches verantwortlich. Auch im Salzwasser gibt es Flohkrebse. Dort spielen sie als Nahrung nicht so eine entscheidende Rolle. Aber wenn nichts anderes da ist, fressen die Fische sie natürlich auch. Wichtiger sind in der Ostsee Garnelen. Sie kommen oft in großer Zahl vor und sind relativ leichte Beute.
Auch Mäuse, Frösche und andere Amphibien kommen als Nahrung infrage. Fische sind Nahrungsopportunisten. Sie fressen das, was am meisten zur Verfügung steht, am leichtesten zu bekommen ist und die meisten Nährstoffe bietet. Und an einer Maus ist ordentlich was dran!

Fisch – Original und Imitation

1

5

6

10

2 3 4

7 8 9

11 12

1. „Phesant Tail"-Nymphe
2. „Bachflohkrebs"-Nymphe
3. „Hare's Ear"-Nymphe
4. „Adams"-Trockenfliege
5. „Parashute Adams"-Trockenfliege
6. „Elk Hair Mayfly"-Trockenfliege
7. „Elk Hair Caddis"-Trockenfliege
8. „Soddard Caddis"-Trockenfliege
9. „Stimulator"-Trockenfliege
10. „Magnus"-Meerforellenfliege
11. „Wolly Bugger-Streamer
12. „Zonker"-Streamer

DIE AUSRÜSTUNG

HARDY
DEMON SMUGGLER
AWS

1. Ausrüstung zum Fischen auf Forellen

2. Zum Glück ist die benötigte Ausrüstung beim Fliegenfischen überschaubar ..., so ist auch ein längerer Fußmarsch zum Gewässer möglich.

Das Werkzeug für Fliegenfischer

Wie schon erwähnt, unterscheidet sich die Ausrüstung beim Fliegenfischen elementar von der anderer Angelmethoden.

Der erste wichtige Unterschied ist, dass beim Fliegenfischen unser Köder nahezu kein Eigengewicht hat. Unser Wurfgewicht befindet sich in der Schnur und um diese vernünftig auszuwerfen, bedarf es einer speziellen Technik, die wir in Kapitel „Die Wurftechnik“ besprochen haben. Um diese Technik auszuführen, brauchen wir nicht nur eine anders aufgebaute Schnur, sondern auch unsere Rute ist anders konstruiert. Und auch für die Rolle hat dies Konsequenzen, aber dazu später mehr.
Ich werde in diesem Kapitel nicht jeden Ausrüstungsgegenstand, den man fürs Fliegenfischen nutzen kann, besprechen können. Es geht vielmehr darum, einen Überblick zu verschaffen über die elementaren Dinge. Also die Frage zu beantworten: Was benötige ich für den Einstieg ins Fliegenfischen? An der einen oder anderen Stelle werde ich ein bisschen ins Detail gehen, aber nur, wenn das wirklich praxisrelevant ist.

DIE RUTE

Wenn wir eine Fliegenrute mit einer Spinnrute vergleichen, fällt sofort ein gravierender Unterschied auf. Die Rolle sitzt bei einer Fliegenrute nicht in der Griffmitte, sondern ganz am unteren Ende der Rute. Der Grund dafür ist, dass sich die Rute möglichst leicht in der Hand anfühlt. Dafür müssen Rute und Rolle im Gleichgewicht sein. Legt man die zusammengebaute Rute mit montierter Rolle direkt über dem Griff auf den Zeigefinger, sollte sie weder nach vorne noch nach hinten abkippen. Der Punkt, an dem Rute und Rolle im Gleichgewicht sind, kann leicht variieren, sich also um ein paar Zentimeter Richtung Rolle oder Richtung Rutenspitze verschieben. Aber nicht zu weit, sonst liegt die Rute nicht gut in der Hand. Ist die Rolle zu schwer, fühlt sich die Ruten-Rollen-Combo schwer in der Hand an. Ist die Rolle zu leicht, hat die Rutenspitze Übergewicht und die Combo fühlt sich gewichtslos beim Werfen an.
Es gibt weitere Unterschiede zwischen Spinn- und Fliegenruten, die aber für die Praxis erst einmal nicht relevant sind. Auch die Griffform ist anders: Bei Fliegenruten werden in der Regel Full- oder Half-Wells-Griffe aus Kork verwendet (siehe Bild). Es gibt inzwischen eine Weiterentwicklung aus Kunststoff, den sogenannten Full-Flex-Griff. Bei diesem Griff kann der Rutenblank im Großteil des Griffs frei schwingen, wodurch das komplette Kraftpotenzial des Blanks ausgeschöpft werden kann. Die Ringe haben bis auf den Leitring in der Regel keine Einlage aus Keramik o. ä. und eine an-

1

2

3

dere Form (Schlangenring). Auch die Aktion ist anders (dazu später mehr). Eine Fliegenfischen-Wurfschnur lässt sich nicht vernünftig mit einer Spinnrute werfen, da sie sich anders auflädt. Das muss man einfach mal so hinnehmen. Wir haben es ausprobiert und weitere Details sind nur für Rutenbauer wichtig.
Wir unterscheiden grundsätzlich zwischen Einhand- und Zweihand-Fliegenruten. Die Einhand-Ruten werfen wir mit einer und die Zweihand-Ruten logischerweise mit beiden Händen. Wir beschäftigen uns hier nur mit Einhand-Ruten. Zweihand-Ruten werden in erster Linie zum Lachsfischen verwendet, erfordern eine ganz eigene Wurftechnik und sind nicht geeignet für den Einstieg ins Fliegenfischen.
Fliegenruten werden aus drei unterschiedlichen Materialien hergestellt: Bambus, Glasfaser und Kohlefaser. Ursprünglich wurden Fliegenruten aus Bambus gebaut. Dabei wird nicht das ganze Bambusrohr genutzt (da es hohl und relativ zerbrechlich ist). Es wird stattdessen in dünne Stücke gespalten (daher auch der Name „Gesplie߻te") und diese Segmente werden dann wie-

der zusammengeklebt. So erhält man einen sehr robusten Blank. Das Verfahren kann nur in Handarbeit durchgeführt werden und dementsprechend sind die Ruten relativ teuer. Nach dem Zweiten Weltkrieg wurde dann Glasfaser für den Rutenbau entdeckt. Aufgrund des niedrigeren Preises setzte es sich in den 60er-Jahren durch. Es ist ein sehr robustes, aber auch schweres Material und die Ruten sind in der Regel echte Lämmerschwänze, also sehr weich.
In den 80ern kam dann Kohlefaser auf, viel leichter und variabler in Bezug auf die Aktion als Glasfaser. Es war aber damals noch sehr teuer und deswegen dauerte es noch mehr als 10 Jahre, bis es die anderen Materialien überholte. Heutzutage sind mehr als 90 % aller Fliegenruten auf dem Markt aus Kohlefaser. Und es verbessert sich stetig. Einige Hersteller bringen Nanopartikel in die Kohlefasermatten ein und machen sie so noch flexibler und robuster. Kohlefaser-Ruten sind zwar relativ robust, aber bestimmte Dinge schaden ihnen, wie zum Beispiel Schläge mit der Rutenspitze gegen Äste oder wenn der schwere Streamer gegen die

1. Rute, Rolle und Schnur sollten aufeinander abgestimmt sein. Orientierung bieten dabei die Schnurklassen.

2. Schöne Bachforelle

3. Die verschiedenen Griffformen von Fliegenruten, von oben nach unten: Half-Wells, Full-Wells, Full-Flex, Zweihand

Wenn du einen großen Fisch an der Angel hast, ist es gut, wenn du dich auf deine Rute verlassen kannst.

Rute knallt. Dabei entstehen Haarrisse und irgendwann kommt es zum Bruch. Die größte Gefahr für deine Rute sind allerdings Autotüren. Ich habe schon auf alle erdenklichen Arten Ruten in Autotüren kaputtgehen sehen. Stell deine Rute deshalb nie in der Nähe einer Autotür ab!

Auch Fliegenruten haben, wie andere Angelruten, Wurfgewichte. Diese stehen, mit einigen Ausnahmen, aber nicht auf den Ruten. Stattdessen finden wir auf den Ruten eine Angabe zur Schnurklasse, meist gekennzeichnet mit einer Raute #. Die Schnurklasse entspricht dem Wurfgewicht der Rute. Und Wurfgewicht heißt hier das Gewicht der Schnur, mit der sich die Rute optimal werfen lässt. Früher hat jeder Hersteller gemacht, was er wollte und es war schwer, die passende Schnur zur Rute zu finden. Um es den Händlern und Fliegenfischern zu erleichtern, hat die „American Fishing Tackle Manufactures Association" das Schnurklassen-System entwickelt. Die Schnurklassen gingen damals von #0 bis #15, inzwischen wurde es erweitert. Jeder Schnurklasse wird dabei ein festes Schnurgewicht zugeordnet. Eine Rute

der Schnurklasse #6 wirft sich zum Beispiel optimal mit einer Schnur der Schnurklasse #6 und so weiter.
Das genaue Gewicht der Schnur muss uns dabei nicht interessieren. Wichtig ist nur: Je höher die Zahl, desto höher ist das Schnurgewicht. Die Schnurklasse hat wenig mit der Größe des Fisches, den du fangen willst, zu tun. Ausschlaggebend sind die Größe und das Gewicht der Fliege. Deshalb wählen wir unsere Rute nicht nach der zu erwartenden Fischgröße, sondern nach Fliegengröße und -gewicht aus. Mit einer höheren Schnurklasse (= höheres Schnurgewicht) lassen sich größere und schwerere Fliegen werfen. Außerdem ist es bei erschwerten Bedingungen wie zum Beispiel Wind von Vorteil, ein höheres Gewicht in der Luft zu haben. Der Nachteil eines höheren Schnurgewichtes ist, dass sie auch entsprechend schwer aufs Wasser fällt. Eine sanfte Präsentation einer kleinen Fliege ist damit kaum möglich und scheue Fische mögen das gar nicht. Da wir mit den Schnurklassen #0 bis #3 nur kleine Trockenfliegen und unbeschwerte Nymphen werfen können, benutzen wir sie für die feine Fischerei auf Äschen und Forellen. Auch Weißfische machen viel Spaß an diesen leichten Ruten. Die Schnurklassen #4 und #5 eignen sich perfekt zur Nymphen-, Nassfliegen- und Trockenfliegen-Fischerei. Auch beschwerte Nymphen lassen sich damit gut werfen. Die Beschwerung sollte aber nicht zu groß sein. Die Schnurklasse #6 ist die beste Allround-Schnurklasse. Damit lassen sich Nymphen und Trockenfliegen noch einigermaßen sanft präsentieren

Zum Fliegenfischen auf Hecht braucht es schweres Gerät, da große Fliegen gefischt werden.

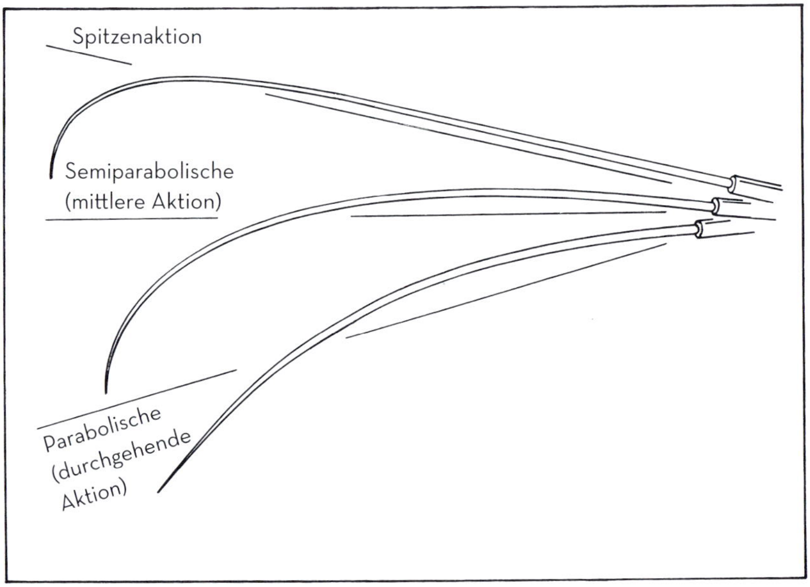

Rutenbiegungen

und größere Fliegen wie Streamer passabel werfen. Das hat natürlich Grenzen. Einen 15 cm Hecht-Streamer wirft man mit einer #6er-Rute nicht mehr. Dafür gibt es dann die höheren Schnurklassen. Eine #7er-Rute eignet sich optimal für mittelgroße Streamer und leicht windige Bedingungen. Eine Rute der Schnurklasse #8 ist eine gute Allround-Rute für die schwere Fischerei. Gut auch in starkem Wind und auch für große Fliegen. Fischen wir ausschließlich große Fliegen zum Beispiel auf Hecht, dann macht eine Rute der Schnurklassen #9 oder #10 Sinn. Alles darüber ist Big Game oder Zweihand-Fischerei und für uns erst mal uninteressant.

ABSTIMMUNG

Rute und Rolle müssen immer aufeinander abgestimmt sein, so dass es ein Gleichgewicht am Griff gibt.

Ich habe zuvor schon die Aktion der Fliegenrute erwähnt. Die Aktion bezieht sich auf die Härte der Rute bzw. ihre Biegung beim Werfen. Es gibt weiche oder voll-parabolische Ruten, bei denen sich der ganze Blank biegt. Bei harten Ruten merkt man die Biegung des Blanks kaum oder nur im Spitzenteil (Spitzen-Aktion), es arbeitet aber trotzdem die ganze Rute. Äquivalent werden auch die Begriffe "langsame Rute" für eine weiche und "schnelle Rute" für eine harte verwendet. Leider gibt es bei der Aktion der Ruten kein einheitliches System. Jeder Hersteller macht im Prinzip, was er will. Die Ruten-Beschreibungen in Katalogen oder online geben zwar eine Orientierung, aber sicher weiß man erst, was für eine Aktion die Rute hat, wenn man sie in der Hand hat. Eine Empfehlung für den Einstieg kann ich nicht abgeben. Die Ruten-Aktion ist Geschmackssache, der eine kommt mit einer weichen, der andere mit einer

harten Rute besser klar. Das musst du ausprobieren.
Zum Abschluss dieses Abschnitts ein wichtiges Thema: der Preis. Ruten-Preise variieren von ca. 50 bis ca. 5.000 Euro. Die meisten Ruten bewegen sich dabei im Bereich zwischen 100 und 1.500 Euro. Gerade zum Einstieg musst du aber nicht mehrere Hundert Euro ausgeben. Es gibt sehr vernünftige Ruten für 100 bis 200 Euro. Viel weniger solltest du jedoch auch nicht ausgeben und vor allem solltest du einen spezialisierten Hersteller für den Bereich Fliegenfischen einer „Billigmarke" oder einem Allround-Angel-Anbieter vorziehen. Es gibt auch Komplett-Sets mit Rute, Rolle und Schnur mit einem sehr guten Preis-Leistungs-Verhältnis. Je mehr man ausgibt, desto besser werden die Ruten natürlich und auch die Garantie wird deutlich besser. Bei den Garantien solltest du genau hingucken. Einige Ruten haben lediglich Garantien auf Materialfehler, während andere Voll-Garantien haben, die jeglichen Schaden abdecken.

PERFEKT

Die optimale Rute zum Einstieg und die beste Allround-Rute ist eine Rute der Schnurklasse #6.

103

Der Film zum Thema Rute!

WELCHE RUTE WOFÜR?

Schnurklasse	Länge	Fischart	Fliegengröße in cm (Hakengröße)	Einsatzgebiet
#0 bis 3	6'-8'	Äsche, Forelle, Weißfisch	12 bis 22 (unbeschwert)	leichte Fischerei, zugewachsene Bäche
#4 bis 5	8'-9'	Äsche, Forelle, Weißfisch, Barsch	10 bis 22(leicht beschwert)	Nymphen- und Trocken-fliegen-Fischerei
#6	9'	fast alle	6 bis 22 (auch beschwert)	perfekte Allround-Rute
#7 bis 8	9'-10'	Forelle, Meerforelle, Rapfen, Hecht	1 bis 10 (bis 10cm, auch beschwert)	leichte bis mittelschwere Streamer-Fischerei
#9 bis 10	9'-10'	Hecht	3/0 bis 8 (bis 20cm, normal beschwert)	große und schwere Streamer-Fischerei
über 10	9'-14'	Lachs, Salzwasser-fisch (Big Game)	3/0 bis 8 (bis 30cm, auch stark beschwert)	Zweihand- und Big-Game-Fischerei

1. Für den Fang großer Fische ist eine Rolle mit guter Bremse von Vorteil.

2. Von links nach rechts: Small-, Mid-, Large-Arbor-Rolle

1

2

104

Der Film zum Thema Rolle

DIE ROLLE

Beim Fliegenfischen spielt die Rolle eine weitaus geringere Rolle als bei Spinnfischen. Haha, Wortwitz ... Da wir die Schnur viel mit der Hand „bedienen", ist unsere Rolle anders konstruiert. Es gibt keine Übersetzung, das heißt, eine Umdrehung wickelt genau einen Spulenumfang auf, mit der Konsequenz, dass wir relativ viel Kurbeln müssen, um unsere Schnur auf die Rolle zu bekommen. Aber wie gesagt, wir bedienen die Schnur meistens mit der Hand, arbeiten mit loser (vor dem Wurf von der Rolle gezogener) Schnurr kurbeln nicht nach jedem Wurf auf und ziehen die Schnur dann wieder von der Rolle. Im Prinzip hat unsere Rolle zwei Funktionen. Sie dient als Schnurspeicher, wenn wir nicht fischen oder den Spot wechseln. Außerdem erleichtert sie uns den Drill

großer Fische, kleine Fische drillen wir in der Regel mit der Hand, aber dazu mehr ab Seite 141.
Die klassischen Fliegenfischen-Rollen waren Small-Arbor-Rollen. Das heißt, sie hatten einen kleinen Spulenkern (siehe Abbildung). Mit dem Spulenkern ist der Abstand zwischen der Achse und dem Bereich, der die Schnur aufnimmt, gemeint. Ein kleiner Spulenkern hat zwei Nachteile. Mit einer Spulenumdrehung wird relativ wenig Schnur aufgewickelt und die Schnur ist relativ eng gewickelt. Die enge Wicklung der Schnur führt zum sogenannten „Memory Effekt". Ist die Schnur längere Zeit aufgespult, bildet sie nach dem Abwickeln Schlaufen. Dadurch verfängt sie sich leichter und es ist nahezu unmöglich, sie gestreckt aufs Wasser zu bringen. Um den Memory Effekt zu reduzieren, wurde der

Verschiedene Ruten-Combos zum Hechtfischen

Spulenkern beim Herstellen von Fliegenfischen-Rollen immer weiter vergrößert. Die Rollen haben dann zwar mehr Volumen, aber durch die Weiterentwicklung des Materials nicht zwangsläufig mehr Gewicht. Man spricht heute von Mid-Arbor bei Rollen mit mittelgroßem, und Large-Arbor bei Rollen mit großem Spulenkern.

Die Spulen können bei eigentlich allen Rollen abgenommen werden. Das ist hilfreich, wenn die Schnur auf der Rolle verfangen ist. Außerdem lassen sie sich austauschen, falls sie beschädigt sind oder wenn du einen schnellen Schnurwechsel vornehmen willst. Nicht für alle, aber für die meisten Rollen, lassen sich Wechselspulen nachkaufen. Und so kannst du mit ein und derselben Rolle mit mehreren Ruten fischen. Einfach zwei unterschiedliche Schnüre, zum Beispiel eine der Schnurklasse #5 und eine der Schnurklasse #6, auf unterschiedliche Spulen bringen und bei Bedarf wechseln. Das hat natürlich Grenzen, da die Rollen auch für einen bestimmten Schnurklassen-Bereich ausgelegt sind. Eine Schnur der Klasse #8 ist entsprechend dicker als eine leichtere Schnur der Klasse #3 und wird damit nicht auf eine Rolle passen, die für diese Schnurklasse konzipiert ist. Außerdem sollten Rute und Rolle, wie schon oben erwähnt, gewichtsmäßig zusammenpassen.

Früher hatten die Fliegenfischen-Rollen gar keine richtigen Bremsen. Es wurde ein Klicker (Feder, die in ein Zahnrad greift) eingesetzt, um das Überlaufen der Spulen und den daraus resultierenden "Schnursalat" zu verhindern. Bei einigen Leichtgewicht-Rollen wird dieser Mechanismus immer noch eingesetzt. Die meisten Rollen haben heutzutage aber einfache Scheibenbremsen, die über eine Stellschraube auf der gegenüberliegenden Seite des Griffs eingestellt werden können. Die Bremseinstellung sollte immer der jeweiligen Situation angepasst werden. Fischen wir mit dünnem Vorfach auf dicke Fische, müssen wir die Bremse entsprechend weich einstellen, so dass der Fisch uns nicht schon bei der ersten Flucht das Vorfach durchreißt.

Nach dem Fischen im Salzwasser sollte die Ausrüstung gut mit Süßwasser abgespühlt werden.

GÜNSTIG

Zum Einstieg reicht auch eine einfache Rolle für wenig Geld, aber auf jeden Fall eine Large Arbor.

Hot Spot!

Die meisten Rollen bestehen entweder aus Kunststoff oder verschiedenen Metalllegierungen. Der Vorteil von Kunststoff ist, dass er sehr leicht, günstig und pflegeleicht ist. Leider ist er nicht besonders robust. Eine Rolle aus Kunststoff überlebt nur eine sehr geringe Anzahl an Aufschlägen auf harten Untergrund. Metall ist in der Regel deutlich robuster. Es werden zwei Verfahren für die Herstellung von Metallrollen verwendet: Druckguss oder Fräsen aus einem Block. Rollen, die im Druckgussverfahren hergestellt werden, sind in der Regel relativ schwer und nicht so haltbar wie Rollen, die gefräst werden. Dafür sind sie mit 50 bis 150 Euro relativ günstig. Rollen, die aus einem Block gefräst werden - dafür werden in der Regel Aluminium-Legierungen verwendet - fangen etwa bei 150 Euro an. Der Preis hat viel mit dem Design und der Marke zu tun. Aber eine gute Bremse kostet natürlich Geld, geringes Gewicht und Salzwasserfestigkeit sowieso. Meine Empfehlung, wenn man ein bisschen sparen will: erst einmal eine einfache Rolle kaufen und ein bisschen mehr für die Schnur ausgeben.

Ein paar Worte noch zur Pflege von Rollen. Nach Fischen im Salzwasser bilden sich, wenn das Wasser verdunstet, Salzkristalle im Inneren der Rolle. Diese führen dazu, dass die Rolle quietscht, ungleichmäßig läuft und im schlimmsten Fall kommt es zu Rost. Deshalb sollte man die Rolle nach dem Fischen immer unter fließendem Süßwasser gründlich abspülen. Vorsicht auch vor Sand! Er hat einen ähnlichen Effekt, wenn er ins Innere der Rolle gelangt. Ansonsten sind die Rollen relativ pflegeleicht. Ein- bis zweimal im Jahr sollte man die Achse und alle relevanten Teile einfetten.

DIE WURFSCHNUR

Beim Fliegenfischen verwenden wir nicht eine durchgehende Schnur wie beim Spinnfischen, sondern drei unterschiedliche: Das Backing, die Wurfschnur und das Vorfach. Das Backing ist eine Art Ersatzschnur, die wir unter der Wurfschnur auf der Rolle haben. Unsere Wurfschnur ist in der Regel nur 24 bis 27 Meter lang, wenn wir aber einen großen Fisch dran haben, kann es sein, dass er mehr Schnur von der Rolle zieht. Um also auf der sicheren Seite zu sein, haben wir beim Fischen auf Forellen, Äschen etc. 50 Meter Backing auf der Rolle und bei größeren und kampfstärkeren Fischen wie Lachsen 100 Meter. Das Backing ist eine geflochtene Schnur, meist in greller Farbe, damit wir sie im Wasser gut sehen. Es ist etwas dicker als herkömmliche Geflochtene, damit sie beim Gleiten durch die Finger nicht einschneidet.

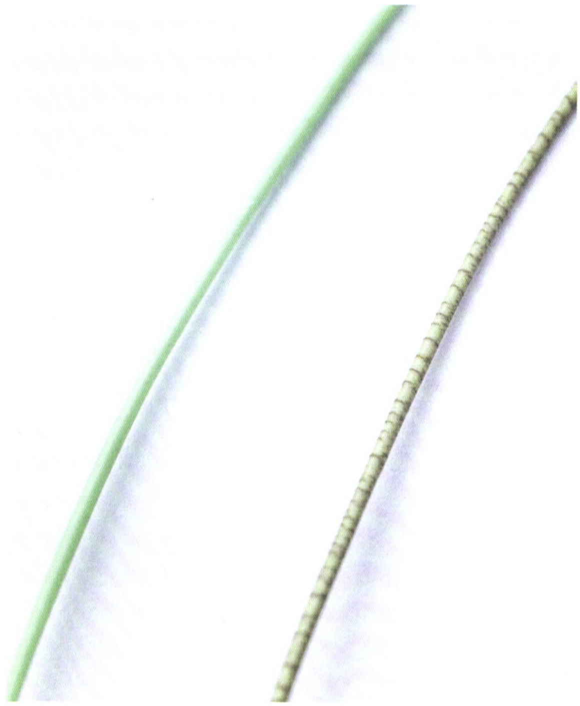

Links eine neue und rechts eine alte, kaputte Wurfschnur

Die Wurfschnur ist eines der wichtigsten Elemente der Ausrüstung beim Fliegenfischen, vielleicht sogar das wichtigste. Entscheidend ist, dass die Schnur zur Rute passt. Auch hier finden wieder die Schnurklassen Anwendung. Wollen wir mit einer Rute der Schnurklasse #5 fischen, brauchen wir auch eine Schnur der Schnurklasse #5 dazu.

Die Wurfschnur sieht ein bisschen aus wie eine Wäscheleine und besteht aus einem Kern (engl. Core) und einer Ummantelung aus Kunststoff (engl. Coating). Der Kern ist aus einer geflochtenen Schnur gefertigt und für die Tragkraft der Wurfschnur verantwortlich. Die Ummantelung ruft die weiteren Eigenschaften der Schnur hervor. Zu der Tragkraft der Wurfschnur brauchst du dir weiter keine Gedanken machen, sie ist immer so weit überdimensioniert, dass nichts passieren kann. Ich habe es noch nie erlebt, dass eine unbeschädigte Schnur im Drill gerissen ist. Über die Kunststoff-Ummantelung werden das Wurfgewicht und die Schwimmeigenschaft der Schnur festgelegt. Jeder Hersteller hat sein eigenes „Spezialrezept" für den Kunststoffmix, darauf gehe ich aber erst einmal nicht weiter ein. Wichtig für uns ist eher, welche Eigenschaft die Schnur durch das Coating bekommt. Es gibt schwimmende, leicht einsinkende (intermediate) und sinkende Schnüre mit verschiedenen Sinkgeschwindigkeiten sowie Kombinationen der zuvor Genannten. Eine schwimmende Schnur mit sinkender Spitze nutze ich zum Beispiel beim Streamer-Fischen auf zwei bis drei Metern. Will ich tiefer runter, nehme ich eine komplett sinkende Schnur. Für

105

„Wurfschnur" im Film

den Einstieg empfiehlt sich eine schwimmende Schnur, denn sie ist am variabelsten einsetzbar. Wir können sowohl mit der Trockenfliege als auch mit der Nassfliege, Nymphe und dem Streamer fischen. Mit einer Sink-Schnur lässt sich logischerweise nicht mit der Trockenfliege fischen. Und wenn wir kurzzeitig doch einmal tiefer runter müssen, gibt es sinkende Vorfächer (engl. Sink-Tips) zum Einschlaufen zwischen Wurfschnur und Vorfach.

Nicht nur die Schwimmeigenschaften der Wurfschnüre variieren, sondern auch ihre Form (engl. Taper). Das klingt erst einmal komisch, wird aber gleich klarer. Früher hatten Fliegenschnüre über die komplette Länge die gleiche Dicke und damit auch das gleiche Gewicht. Dies hatte den Nachteil, dass relativ viel Schur in der Luft sein

1. Umso besser die Schnur desto leichter fällt das Werfen.

2. Auf der Verpackung stehen die wichtigsten Angaben zur Schnur in Form eines Kürzels.

musste, um die Rute vernünftig aufzuladen und der Übergang zum (deutlich dünneren) Vorfach sehr abrupt war. Auch die erste Weiterentwicklung, die sogenannten Double-Taper-Schnüre (kurz DT-Schnüre), lösten nur das Problem des harten Übergangs zum Vorfach, indem sie vorne und hinten verjüngt waren. Dadurch gab es eine bessere Kraftübertragung auf das Vorfach und es streckte sich leichter.

Die nächste Weiterentwicklung waren die Keulenschnüre (engl. Weight-Forward- oder WF-Schnüre). Der Großteil des Gewichts wurde in den vorderen Teil der Schnur verlagert, wodurch sich eine Keulenform ergab: vorne dick und hinten dünn. Die Keule, so wird der vordere Teil der Schnur bezeichnet, ist meistens 10 bis 12 Meter lang, inzwischen gibt es aber auch Schnüre mit kürzeren Keulen. Der große Vorteil dieser Schnüre ist, dass man die Rute auch mit relativ wenig Schnur schon gut aufladen kann. Für weite Würfe müssen wir nicht mehr riesige Mengen Schnur in der Luft halten, sondern arbeiten nur mit der Keule. Sobald die komplette Keule in der Luft ist, arbeiten wir mit dem optimalen Wurfgewicht und laden unsere Rute optimal. Alle weitere Schnur können wir am Ende des Wurfes wie oben beschrieben schießen lassen. Natürlich haben sich inzwischen auch die Keulenschnüre weiterentwickelt und es gibt für jede Situation die perfekte Keulenschnur. Zum Fischen bei sehr windigen Bedingungen, wie zum Beispiel an der Küste, haben die Keulen eher ein schlankes Profil, und beim Fischen mit großen Fliegen, wie zum Beispiel beim Fischen auf Hechte, ist das Gewicht weit vorne komprimiert. Für den Start reicht aber eine einfache Keulenschnur vollkommen aus.

Für unterschiedliche Einsatzgebiete, gibt es unterschiedliche Schnüre.

Auf jeder Schnurpackung findest du die wichtigsten Angaben zur Schnur in Form eines Kürzels, das folgendermaßen aussieht: WF-6-F. Die einzelnen Teile geben den Schnurtyp, die Schnurklasse und die Eigenschaft der Schnur wieder. WF steht für eine Keulenschnur, DT für eine Double-Taper-Schnur und SH für einen Schusskopf, den wir aber hier nicht weiter behandeln. Das ist etwas für Fortgeschrittene. In puncto Eigenschaft steht F für Floating, also schwimmend, I für Intermediate, S für Sinking, also sinkend, und zum Beispiel F/S für eine schwimmende Schnur mit sinkender Spitze. Noch ein Satz zum Preis: Die Wurfschnüre liegen zwischen 30 und 120 Euro. Ab circa 50 Euro bekommst du eine gute Schnur. Jede 10 Euro, die du mehr ausgibst, merkst du in der Qualität der Schnur. Aber auch eine 100-Euro-Schnur wirft sich nicht von allein.

Da deine Schnur wie eingangs schon erwähnt ein sehr wichtiges Element fürs Werfen ist, solltest du gut mit ihr umgehen. Die Kunststoff-Ummantelung ist zwar relativ robust, wird aber geschädigt, wenn man ständig auf ihr herumtritt oder beim Hängenbleiben in einem Dornenbusch einfach wie ein Berserker an ihr reißt. Du solltest sie, wenn du nicht fischst, im Dunkeln lagern, da UV-Licht die Polymere steif und brüchig macht. Außerdem solltest du die Schnur hin und wieder reinigen und gegebenenfalls fetten. Dafür gibt es spezielle Schnurpflegepräparate, es geht aber auch mit stark verdünntem Spülmittel.

Die Schnur ist das wichtigste Element beim Werfen, deshalb bedarf sie etwas Pflege.

KEULE

Als Allround-Schnur eignet sich am besten eine schwimmende Keulenschnur in der Schnurklasse #6 (WF-6-F).

106

Mehr zum Vorfach auf dem Film

DAS VORFACH

Das Vorfach ist die Verbindung zwischen Wurfschnur und Fliege. Logisch, dass wir unsere Fliege nicht an die Wurfschnur binden können, jeder Fisch würde den Braten sofort riechen. Als Material für unsere Vorfächer nutzen wir entweder monofile Polyamid- (normales Monofil) oder Fluorocarbon-Schnüre. Fluorocarbon hat den Vorteil, dass es im Wasser weniger sichtig ist und schneller absinkt. Der Nachteil ist, dass es vergleichsweise teuer ist. Eine 25-m-Spule hochwertigen Polyamid-Monofils gibt es schon für um die 3 Euro. Für die gleiche Menge an gutem Fluorocarbon musst du schon das Doppelte auf den Tisch legen. Und das beste Fluorocarbon auf dem Markt in puncto Tragkraft und Knotenstabilität kostet über 13 Euro. Wenn du gleich mit mehreren Stärken startest - und das solltest du – geht das schon ein bisschen ins Geld. Ich handhabe das so, dass ich immer beides dabei habe und in den meisten Situationen normales Monofil fische und nur wenn die Bedingungen es erfordern (sehr klares Wasser und/oder sehr vorsichtige Fische), Flurocarbon verwende.
Das Vorfach lässt sich in zwei Teile unterteilen: Das Hauptvorfach (engl. Leader) und die Vorfachspitze (engl. Tippet). Dein Leader sollte sich in Richtung Fliege verjüngen, da dann die Kraftübertragung besser funktioniert und das Vorfach sich leichter streckt. Früher wurden, um die Verjüngung zu erzielen, die Vorfächer fürs Fliegenfischen aus mehreren, immer dünner werdenden Stücken Vorfachmaterial gebunden. Man begann zum Beispiel mit 70 cm in der Stärke 0,50 mm und verband es mit 50 cm 0,40er, dann mit 40 cm 0,35er, 40 cm 0,30er, 30 cm 0,25er und 30 cm 0,20er. Zuletzt knotete man noch eine 40-cm-Vorfachspitze in der Stärke 0,18 mm oder 0,16 mm an und hatte ein drei Meter langes Vorfach zum Nymphen-Fischen. Heute

Fluorocarbon sinkt schneller und ist weniger sichtig als normales Monofil.

gibt es maschinell hergestellte konisch gezogene Vorfächer in verschiedenen Längen und Stärken. Sie haben drei wesentliche Vorteile: Sie sparen Zeit. Einfach auspacken, an der Wurfschnur befestigen und losfischen. Durch die nicht vorhandenen Knoten gibt es weniger potenzielle Bruchstellen und außerdem verfangen sie sich weniger. Wenn wir das Vorfach so wählen, dass die Spitze genau unserer gewünschten Stärke entspricht, brauchen wir nicht einmal eine Vorfachspitze anzuknoten. Um das Leben des gezogenen Vorfachs zu verlängern, können wir, sobald der Teil mit der gewünschten Stärke (durch mehrmalige Fliegenwechsel) verbraucht ist, einfach ein 40 cm langes Stück Vorfachmaterial der gewünschten Stärke anknoten (als neue Vorfachspitze) und das Vorfach wieder wie zuvor verwenden.

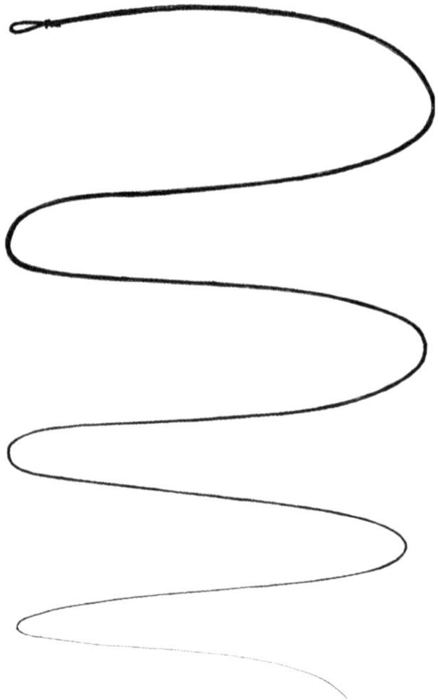

Gezogenes Vorfach

Die Stärke des Vorfachs sollte sich nach der zu erwartenden Fischgröße und der Größe der Fliege richten. Fischen wir zum Beispiel auf Fische in der 5-kg-Gewichtsklasse, sollte auch die Tragkraft unserer Vorfachspitze 5 kg haben, das entspricht ungefähr einer 0,22er. Die Tragkraftangabe zum Vorfachmaterial ist immer stationär, meint also, wir können 5 kg an die Schnur hängen, ohne dass sie reißt. Wir heben den Fisch aber nicht an der Schnur aus dem Wasser, deswegen wirkt das Gewicht des Fisches nie direkt auf die Schnur. Durch die Schnurdehnung und die Biegung der Rute wird der Druck auf das Vorfach zusätzlich abgefedert. Wir können also auch schwerere Fische als 5 kg mit unserem 0,22er drillen. Anderseits kann es auch sein, dass ein Fisch, der unter 5 kg wiegt, einmal richtig Gas gibt und unser Vorfach über sein Eigengewicht hinaus belastet. Die Ausrichtung am zu erwartenden Fischgewicht ist also nicht hundertprozentig perfekt, aber bietet eine gute Orientierung.
Manchmal fressen große Fische ganz kleine Nährtiere (meist kleine Eintagsfliegen oder Mückenlarven) und dann müssen wir ganz kleine Fliegen benutzen. Der Haken und das Hakenöhr sind dann natürlich auch entsprechend klein. Vorfachmaterial mit einer hohen Tragkraft und einem größeren Durchmesser passt dann nicht durchs Hakenöhr. Also müssen wir dünneres Material nehmen und uns im Drill entsprechend vorsichtig verhalten.
Ein Allround-Vorfach hat ungefähr Rutenlänge, also ungefähr 275 cm. In besonderen Situationen musst du das Vorfach aber verkürzen oder verlängern. Fischst du an kleinen, sehr stark zugewachsenen Bächen, solltest du dein Vorfach verkürzen, da sich ein kürzeres Vorfach bei wenig Platz besser werfen lässt. Meist reichen ca. 2 m aus,

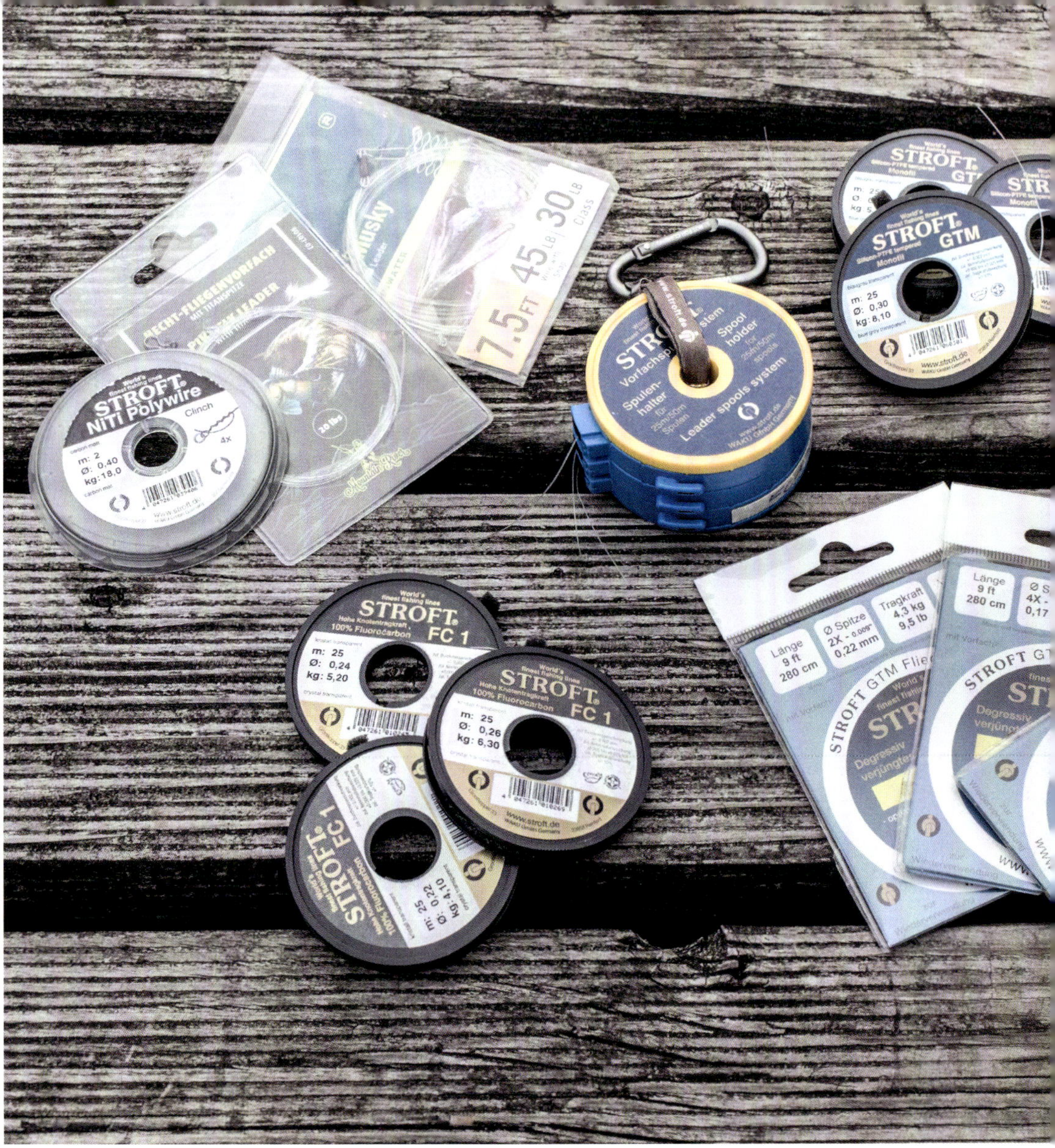

1. Verschiedene Vorfächer

da du sowieso auf kurze Distanzen fischst. An klaren Gewässern ist es notwendig, das Vorfach zu verlängern. Das Gleiche gilt für die Fischerei auf scheue oder erfahrene Fische. Ich habe in Neuseeland mein Vorfach teilweise auf 6 m verlängert, bevor ich einen Fisch fangen konnte. Das wirft sich selbst als geübter Werfer nicht mehr angenehm, aber wenn es sein muss, muss.

Früher habe ich die einzelnen Spulen mit den verschiedenen Vorfachstärken einfach in der Jacken- oder Westentasche gehabt. Jedes Mal, wenn ich eine bestimmte Stärke gesucht habe, musste ich in der Regel alle Spulen einzeln herausnehmen. Zufallstreffer beim ersten Griff gab es eigentlich nie. Deswegen benutze ich heute ein Vorfachspulen-System. Dabei hat man die Spulen kompakt an einem Ort, zum Beispiel

2

1

3

außen an der Jacke hängend, weiß, an welcher Stelle welche Stärke ist und kann sich leicht auch mit nur einer Hand das Vorfachmaterial abziehen. Für Fischarten mit scharfen Zähnen benötigst du Spezial-Vorfächer mit Bissschutz. Der Bissschutz kann aus verschiedenen Materialien bestehen. Ich habe schon mit Stahl, Kevlar und Hardmono experimentiert und bin letztendlich bei geflochtenem Titan gelandet. Es verdrallt und bricht nicht beim Werfen. Außerdem hält es mehreren und auch richtig großen Fischen stand. Du kannst die Spezial-Vorfächer fertig kaufen oder selbst knüpfen. Ein Vorfach zum Hechtfischen ist denkbar einfach: 150 cm normales Monofil oder Fluorocarbon in der Stärke 0,50 mm, als Spitze 30 cm geflochtenes Titan und ans Ende einen Karabiner zum schnellen Fliegenwechsel.

2. In klarem Wasser und auf vorsichtige Fische müssen wir unsere Vorfachspitze oft etwas dünner wählen.

3. An zugewachsenen Bächen wie diesem nehmen wir kurze Ruten und nicht zu lange Vorfächer.

WELCHE VORFACHSPITZE FÜR WELCHE FLIEGE?

Fliegen-Typ	Vorfachstärke	Vorfachtragkraft	Fischart
Nymphe	0,12–0,18 mm	1,8–3,6 kg	Forelle, Äsche, Saibling, Weißfisch
Nymphe	0,16–0,25 mm	3,0–6,4 kg	Karpfen, Barbe
Nassfliege	0,14–0,20 mm	2,3–4,2 kg	Forelle, Äsche etc.
Trockenfliege	0,10–0,20 mm	1,4–4,2 kg	Forelle, Äsche etc.
Streamer	0,18–0,26 mm	3,6–6,7 kg	Forelle, Barsch, Rapfen
Streamer	0,35–0,50 mm	10,5–21 kg	Hecht
Reizfliege	0,12–0,25 mm	1,8–6,4 kg	Forelle, Äsche etc.
Reizfliege	0,30–0,50 mm	8,1–21 kg	Lachs

Kleiner Tipp: zum Einfädeln der Schnur nicht das Vorfach verwenden, sondern eine Schlaufe in die Wurfschnur machen.

KLEINER EXKURS IN DEN BEREICH KNOTEN

Wir benötigen nicht viele unterschiedliche Knoten zum Fliegenfischen, aber diese sollten wir aus dem EffEff können.

Der Knoten, um das Backing an der Spule zu befestigen, ist ganz einfach. Dabei macht man einen einfachen Knoten ins Ende des Backings, führt das Backing um die Spule herum und macht einen einfachen Knoten um das Backing. Zuziehen und die beiden Knoten blockieren sich gegenseitig.

Wenn es an der Flugschnur auf der Backing-Seite keine Schlaufe gibt, verwende ich, um Backing und Flugschnur miteinander zu verbinden, den Albright-Knoten. Es gibt keinen besseren!

Das Vorfach verbinden wir über eine Schlaufen-in-Schlaufen-Verbindung: Einfach die Vorfach-Schlaufe über die Wurfschnur ziehen und das Vorfachende durch die Schlaufe der Wurfschnur führen. Hat die Wurfschur keine integrierte Schlaufe oder ist diese kaputt, gibt es Schlaufen aus Netzgewebe, die man auf die Schnur ziehen kann. Früher wurde das Vorfach auch gerne mit Hilfe des Nagelknotens an der Wurfschnur befestigt, aber die Schlaufen-in-Schlaufen-Verbindung ist deutlich einfacher.

Wir brauchen dann noch einen Knoten, um das Leader und das Tippet miteinander zu verbinden. Ich verwende in der Regel den „Chirurgen-Knoten", weil er einfach und deshalb auch im Halbdunkeln und mit kalten Fingern noch gut zu binden ist. Wenn es darauf ankommt, ziehe ich den „Doppelten Grinner" oder den Blutknoten vor. Sie haben eine höhere Knotentragkraft, sind aber auch schwieriger.

Zum Anbinden der Fliege nutze ich fast immer den Clinch-Knoten, den Standard-Angel-Knoten. Nur zum Befestigen von Streamern benutze ich gerne einen Schlaufen-Knoten wie den „Non-Slip-Mono-Loop" oder den „Perfection-Loop", da der Streamer dann mehr Spiel hat.

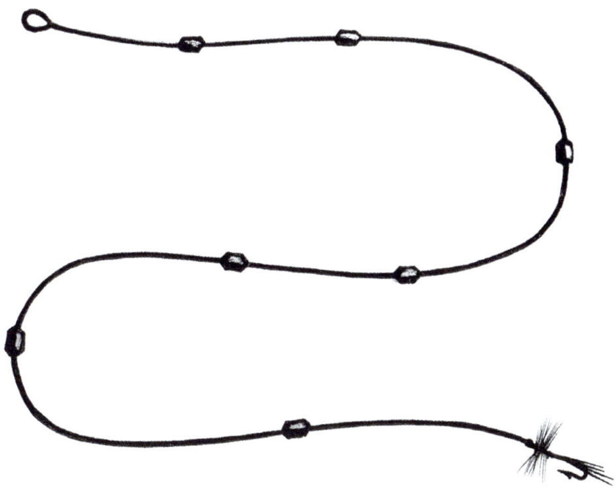

Geknotetes Vorfach

LÄNGE = LÄNGE

Vorfachlänge ist gleich der Rutenlänge, und die Vorfachspitze sollte immer an die erwartete Fischgröße angepasst werden.

BEKLEIDUNG

Das wichtigste Kleidungsstück für dich als Fliegenfischer ist die Wathose. Damit du flexibel am Wasser bist, ist sie unabdingbar. Oft kommt man an die heißen Stellen viel besser ran, wenn man im Wasser steht und in machen Situationen lässt sich ohne Wathose nicht fischen. Und selbst wenn das Waten nicht erlaubt ist, trage ich gerne eine Wathose, um jederzeit den Bach durchqueren zu können, den Fisch vernünftig landen zu können oder einfach nur als Schutz gegen Zecken.
Es gibt drei gängige Materialien aus denen Wathosen heutzutage gefertigt werden: Gummi, Neopren und atmungsaktives Material. Gummi hat den Vorteil, dass es sehr robust und günstig ist. Neopren hält bei kalten Temperaturen schön warm. Aber im Sommer ist es in Hosen aus beiden Materialien viel zu heiß. Deswegen trage ich nur noch atmungsaktive Wathosen. Sie sind zwar etwas teurer, aber dafür flexibel einsetzbar. Bei kaltem Wetter zieht man darunter Thermokleidung an und bei warmem Wetter möglichst wenig.
In der Regel haben atmungsaktive Wathosen keine integrierten Schuhe, weshalb man dazu noch ein Paar Watschuhe braucht. Sie geben Halt und schützen den Fuß sowie den Knöchel. Bei der Auswahl der Watschuhe sollte man darauf achten, dass man sie nicht zu klein wählt. Wenn der Fuß eingequetscht ist, kann das Blut nicht gut zirkulieren und du bekommst schnell kalte Füße. Außerdem ist die richtige Auswahl der Sohle entscheidend. Fischst du in Gewässern mit großen, rutschigen Steinen wie in Gebirgsbächen oder der Ostsee, sollten deine

Wathosen nach dem Fischen immer zum Trocknen aufhängen, sonst fangen sie an stark zu riechen.

Schuhe ein Filzsohle haben. Fischst du eher an Gewässern mit schlammigen Ufern und gemischtem Untergrund, macht eine Profilsohle mehr Sinn.
Bei schlechtem Wetter oder wenn du tief watest, solltest du zur Wathose auch eine Watjacke tragen. Alternativ bietet sich auch eine normale Regenjacke an. Watjacken haben aber zwei entscheidende Vorteile. Sie sind kurz geschnitten und hängen somit nicht im Wasser. Außerdem haben sie in der Regel große Brusttaschen, in die auch Fliegendosen problemlos reinpassen. Ob man eine Fliegenfischen-Weste trägt oder nicht, ist Geschmackssache. Sie hat viele Taschen, so dass man alle Utensilien gut verstauen kann. Dadurch trägt man manchmal mehr mit sich rum als man braucht und modisch sind viele Modelle eine Katastrophe.

Absolut elementar beim Fliegenfischen ist zudem ein Augenschutz. Auch als geübter Werfer hat man bei windigen Bedingungen nicht immer alles unter Kontrolle. Mir ist schon einige Male ein schwerer Streamer mit voller Wucht gegen die Brille geknallt. Ich will mir nicht vorstellen, was passiert wäre, hätte ich keine Brille getragen. Und wenn wir eine Brille aufsetzen, kann es auch gleich eine Polbrille sein, die zusätzlich noch die Spiegelung auf der Oberfläche verringert.
Bei starkem Sonnenschein sollten wir auch darauf achten, dass wir eine Kopfbedeckung tragen. Ich bevorzuge Baseball-Caps, da der Schirm die Augen vor der Sonne schützt und man so besser ins und aufs Wasser gucken kann. Aber ein Hut oder Ähnliches tut's auch.

Bei dreckigem Wetter wirst du dankbar sein für vernünftige, wasserdichte Kleidung.

107

„Bekleidung" in bewegten Bildern

Eine Polbrille ist beim Fliegenfischen ein absolutes Muss.

1

2

WEITERE AUSRÜSTUNG

Wir brauchen über die bisher besprochenen Dinge hinaus nicht viel. Aber ein paar Sachen machen uns das Leben deutlich leichter. Natürlich benötigen wir noch etwas, um unsere Fliegen aufzubewahren. Fliegendosen gibt es aus vielen verschiedenen Materialien. Kunststoff, Aluminium und Holz sind die gängigsten. Wenn du im Salzwasser fischst, solltest du darauf achten, dass deine Fliegendose wasserdicht ist, sonst rosten die Haken. Es gibt verschiedene Mechanismen der Aufbewahrung der Fliegen in der Dose. Schaumstoff, in den man den Haken

1. Ausrüstung zum Fischen auf Hecht

2. Es ist nie verkehrt, einen Kescher dabeizuhaben.

BRILLE UFF

Fliegenfischen niemals ohne Augenschutz (Polbrille)!

Im Uhrzeigersinn: Fliegendose, wasseraufnehmendes Pulver, Fiegenfett, Vorfach-Clip, Hakenlöser, Tungsten-Paste, Bissanzeiger und in der Mitte Ausziehspule

sticht, und kleine Fächer mit extra Deckel waren früher die am häufigsten gebrauchten. Heute hat sich Schlitz-Schaumstoff durchgesetzt. Du stichst deine Fliege nicht in den Schaumstoff, sondern schiebst sie mit dem Hakenbogen voran in den vorgefertigten Schlitz. Die Fliegen halten gut und der Schaumstoff geht nicht kaputt. Essenziell zum Trockenfliegen-Fischen ist ein Hilfsmittel, um die Fliege zwischendurch zu trocknen. Die klassische Variante ist der Amadou, ein Stück von einem sehr stark Wasser aufnehmenden Baumpilz. Die moderne ist ein wasseraufnehmendes Pulver, das gleichzeitig Fischschleim aus der Fliege zieht und sie imprägniert. Die günstigste Variante ist ein einfaches Papiertaschentuch. Das hält aber nicht besonders lange. Außerdem brauchen wir Fliegenfett, um unsere Trockenfliege gegen die Aufnahme von Wasser zu imprägnieren. Es gibt eine Menge unterschiedlicher Präparate auf dem Markt. Alle funktionieren, die einen

besser, die anderen schlechter. Ich achte immer auch darauf, dass sie biologisch abbaubar sind.
Für das Fischen mit der Nymphe solltest du auf jeden Fall Bissanzeiger dabeihaben. Auch hier gibt es wieder eine Reihe unterschiedlicher Varianten, die von Schaumstoff mit einer selbstklebenden Fläche über Styroporkugeln zum Auffädeln auf das Vorfach bis hin zur Knetpaste reichen. Ich bevorzuge Bissanzeiger aus Wolle oder Kunstgarn mit integriertem Gummiring. Sie halten gut am Vorfach und lassen sich schnell ein- und wieder ausschlaufen. Dabei macht man eine Schlaufe ins Vorfach, zieht diese durch den Gummiring, fädelt dann den Bissanzeiger durch die Schlaufe und zieht alles fest. Sehr hilfreich kann in manchen Situationen (wenn wir schnell weit runter müssen) auch eine zusätzliche Beschwerung am Vorfach sein. Es funktionieren Schrot-Bleie, die du vielleicht vom Posen-Angeln kennst. Besser finde ich Tungsten-Paste, da sie schneller sinkt und man sie nach dem Gebrauch wieder abmachen und noch einmal verwenden kann.
Immer dabeihaben solltest du einen Hakenlöser, da auch beim Fliegenfischen der Haken manchmal so sitzt, dass du nicht mit der Hand rankommst. Dies ist oft bei kleineren Fischen der Fall, deswegen sollte man unbedingt darauf achten, dass er auch in kleine Fischmäuler passt. Ich benutze schon lange Arterienklemmen und bin absolut überzeugt davon. Hilfreich ist auch ein Schnurclip, der im Prinzip ein Nagelknipser ist, der etwas angepasst ist auf die Bedürfnisse eines Fliegenfischers. Damit lässt sich schnell und einfach Vorfachmaterial zuschneiden und überschüssiges Vorfach an Knoten abknipsen.

An manchen Gewässern Pflicht, aber immer sehr nützlich zum schnellen Landen eines Fisches, ist ein Kescher. Auch hier gibt es zahlreiche unterschiedliche Modelle. Wichtig ist ein Schonnetz, alles andere ist Geschmackssache.

1. Ruten raus, der Spaß beginnt!

2. Viel brauchen wir nicht zum Fliegenfischen

1

2

FLYRUS

Wenn du weitere Fragen zur Fliegenfischen-Grundausstattung hast, melde dich einfach bei (https://www.flyrus.de/kontakt/). Wir beraten dich gerne!

WAS BRAUCHST DU FÜR DEN EINSTIEG?

- Rute der Schnurklasse #6 in 9' mit dazu passender Rolle
- Schwimmende Keulenschnur ebenfalls #6
- konisch gezogenes Vorfach
- verschiedene Stärken Vorfachmaterial (0,16 - 0,25mm)
- Auswahl an Nymphen, Trockenfliegen und Streamern
- Fliegendose
- Fliegenfett
- Bissanzeiger
- Hakenlöser
- Kescher
- Wathose und -schuhe
- Polbrille

1

2

3

1. Eine gut abgestimmte Combo ist Gold wert.

2. Im Winter kann die Ausrüstung schon einmal zufrieren.

3. Im Gepäck darf ein wärmender Tee an kalten Tagen nicht fehlen.

DIE FISCHE

1. Eine der klassischen Fischarten fürs Fliegenfischen sind Forellen.

2. Aber auch wenn Forellen meine Lieblingsfische sind, lassen sich eine ganze Reihe anderer Fischarten mit der Fliege fangen.

Nicht nur Forellen

In diesem Kapitel geht es um die Fischarten, die fürs Fliegenfischen wichtig sind. Ich könnte es mir einfach machen und sagen, dass alle interessant sind – Kapitel zu Ende.

Es lassen sich sicher alle Fische mit der Fliege fangen (ja, auch Aal und Rotbarsch), die Frage ist nur: Ist das sinnvoll? Antwort: Nein. Deswegen habe ich eine Auswahl getroffen. Diese beschränkt sich auf Fische, die in Deutschland vorkommen und sich besonders gut mit der Fliege beangeln lassen. Es wird dazu sicher andere Meinungen geben, dies hier ist meine. Auch Dorsche, Makrelen, Wolfsbarsche etc. lassen sich mit der Fliege fangen, doch dafür bin ich der falsche Ansprechpartner. Ich habe die Fische in drei Kategorien eingeteilt. Der erste Abschnitt befasst sich mit den Salmoniden (Lachsartigen), der zweite Abschnitt stellt die Raubfische vor, die fürs Fliegenfischen interessant sind, und der dritte Abschnitt beschäftigt sich mit den Cypriniden (Karpfenartigen). Ich werde nicht auf jede Besonderheit eingehen können, es geht vielmehr darum, hier die wichtigsten Informationen zusammenzufassen. Über Details können wir später noch reden. Außerdem ist dies kein Fischlexikon. Auf Aussehen und Lebensweise der Fische wird nur am Rande eingegangen, da der Schwerpunkt darauf liegt, wie du die verschiedenen Fischarten mit der Fliege am besten beangelst.

SALMONIDEN

Salmoniden sind die klassischen Zielfische fürs Fliegenfischen. Das hat vor allem damit zu tun, dass sie sich zu einem Großteil von Insekten und ihren Larven ernähren. Im Prinzip sind sie relativ einfach zu erkennen, denn sie sind die einzigen Fische, die eine Fettflosse (kleine Flosse zwischen Rücken- und Schwanzflosse) besitzen. Bei vielen Arten bildet sich bei den Männchen in der Paarungszeit der sogenannte Laichhaken, eine hakenförmige Verdickung am vorderen Ende des Unterkiefers. Alle Salmoniden ha-

Diese Bachforelle ist ein absoluter Traumfisch.

ben einen hohen Anspruch an die Wasserqualität (keine Schadstoffbelastung) und einen hohen Sauerstoffbedarf. Wieviel Sauerstoff im Wasser enthalten sein muss, damit die Fische sich wohlfühlen, variiert zwischen den einzelnen Arten.

Bachforelle

Die Bachforelle ist die heimische Forellenart. Sie hat sich evolutionär in Europa entwickelt und ist am besten an die Bedingungen in unseren Flüssen angepasst. Äußerlich ist sie leicht zu erkennen: Ihr torpedoförmiger Körper ist überwiegend braun gefärbt und mit roten Punkten besetzt, hat im Gegensatz zur Regenbogenforelle aber keine Punkte auf der Schwanzflosse. Sie passt ihre Färbung ihrer Umgebung an und so gibt es sehr helle und sehr dunkle Bachforellen, je nachdem wo sie leben. Sie kommt in einer Reihe von Gewässern vor: vom alpinen See über den Mittelgebirgsfluss bis zum norddeutschen Niederungsbach. Entscheidend dabei sind ihr hoher Anspruch an die Wasserqualität (keine Schadstoffbelastung) und ihr hoher Sauerstoffbedarf. Dafür darf das Wasser auch im Sommer eine Wassertemperatur von circa 25 Gradnicht überschreiten. In höheren Lagen (Gebirge) und bei schnellfließenden Bächen ist das in der Regel kein Problem. Bei Gewässern im norddeutschen Tiefland und anderen Gebieten in niedrigen Lagen und großen Gewässern (Seen, Rhein, Elbe etc.) muss man genauer hinschauen. Ihre Laichzeit liegt im Herbst/Winter, deshalb haben sie in der Regel von Oktober bis März Schonzeit (variiert aber von Gewässer zu Gewässer).

Die eine perfekte Forellen-Rute gibt es nicht. Es hängt sehr davon ab, welches Gewässer befischt werden soll. An ei-

Video zum Fischen auf Bachforellen – Link: https://youtu.be/9L8Q-j6Z23E)

1. Nicht jede Bachforelle ist typisch gefärbt.
Diese hat zum Beispiel keine roten Punkte.

2. Diese Bachforelle hat eine Nymphe genommen.

3. Schön gezeichnete Bachforelle aus
der Fränkischen Schweiz

1

2

3

Gerade große Bachforellen lassen sich besonders gut nachts fangen.

nem kleinen zugewachsenen Bach macht sich eine kurze Rute (6–8') der Schnurklasse #3–5 gut, an einem großen Strom, wenn mit großen Streamern gefischt werden soll, eher eine #8er in 9 Fuß. Die beste Allround-Rute ist eine #6 in 9'. Mit ihr können Nymphen und Trockenfliegen noch sanft präsentiert werden und nicht zu große Streamer lassen sich noch passabel werfen. Das Vorfach muss an die jeweilige Situation angepasst werden (siehe Kapitel: Die Ausrüstung).
Die Fliegenauswahl richtet sich in erster Linie danach, was gerade da ist und von den Fischen bevorzugt wird (siehe Kapitel: Köder- und Insektenkunde). Bachforellen ernähren sich zum Großteil von Insekten und Insektenlarven, deshalb lassen sie sich gut mit Nymphen und Trockenfliegen beangeln. Erst die großen Exemplare fressen überwiegend andere Fische, aber auch für sie spielen Insekten und Larven eine wichtige Rolle bei der Ernährung. Fischst du mit der Nymphe, sollte sie im fließenden Gewässer in der Regel bewegungslos abtreiben. Mehr dazu im Abschnitt 7.3.2. Präsentationstechniken. Fischst du im stehenden Gewässer, sollte sie sich bewegen, da eine auf dem Grund liegende oder im Mittelwasser „rumhängende" Nymphe nur selten gefressen wird. Beim Fischen mit der Trockenfliege wirfst du sie am besten stromauf und lässt sie auf dich zu treiben. Die Bisserkennung ist vergleichsweise einfach, da der Fisch die Wasseroberfläche durchbricht. Aber ganz wichtig: nicht zu früh anhauen! Natürlich können wir auch mit Streamern auf Bachforellen fischen. Dabei sollten wir berücksichtigen, dass sich unser Streamer immer bewegen muss,

damit er seine Imitations- oder Reizwirkung entfaltet. In Fließgewässern ist dies keine besondere Schwierigkeit, die Strömung macht in der Regel die Arbeit für uns. In langsam fließenden und stehenden Gewässern müssen wir unserem Köder durch Zugbewegungen an der Schnur (Einstrippen) Leben einhauchen (auch dazu mehr in Kapitel Die Praxis.).

Meerforelle

Die Meerforelle ist genau wie die Seeforelle genetisch eine Bachforelle. Was sie unterscheidet, ist ihr Lebensraum: Die Seeforelle lebt im See, die Meerforelle im Meer. Beide sind im Gegensatz zur Bachforelle eher silbrig als braun gefärbt. In der Laichzeit, wenn sie die Flüsse und Bäche hochziehen, verfärben sie sich wieder bräunlich. Die Meerforelle gilt als der Fisch der tausend Würfe. Also als unglaublich schwer zu fangen. Viel Geduld ist gefragt und selbst wenn man alles richtig macht, bedeutet das nicht, dass man einen Fisch fängt. Klingt nach echt hartem Brot! Aber das muss es nicht sein. Wenn wir ein paar wichtige Grundregeln beachten, braucht es keinesfalls tausend Würfe, bis der erste Fisch die Leine strafft. Oft wird aber leider,

Die Meerforelle wird auch „Fisch der tausend Würfe“ genannt.

1

2

wenn es ums Meerforellen-Fischen geht, aus allem eine Wissenschaft gemacht, deshalb hier jetzt alles ganz einfach auf den Punkt.

Erste wichtige Frage: Was ist die richtige Rute zum Meerforellen-Fischen? Einfache Antwort: Eine 9' lange Rute der Schnurklasse #8. Und sie muss nicht teuer sein, auch ein Einsteiger-Modell fängt Fische. Der Vorteil einer 8er-Rute ist, dass sie sich auch bei schwierigen Bedingungen, vor allem bei Wind - und sind wir mal ehrlich, den haben wir an der Küste fast immer –, unsere Fliege einigermaßen gut werfen lässt. Der zweite Vorteil ist, dass sich auch größere Fliegen (z. B. Borstenwurm-Imitationen) noch problemlos werfen lassen. Wir sind also mit einer #8er-Rute deutlich flexibler als zum Beispiel mit einer #6er-Rute.

Auch bei der Schnur halten wir es einfach. Natürlich gibt es inzwischen Spezialschnüre fürs Mefo-Fischen und die machen auch Sinn, wenn wir viel an der Küste fischen. Aber für den Einstieg empfehle ich eine einfache Schwimmschnur. Auch hier geht es wieder um Flexibilität. Wir fischen vom Ufer aus in relativ flachem Wasser (bis max. 3 m Wassertiefe). Meerforellen sind sehr agile Tierchen. Wenn sie zwei Meter über ihrem Kopf etwas

Interessantes sehen, bewegen sie sich durchaus diese paar Meter. Wollen wir doch einmal tiefer runter, nehmen wir eine beschwerte Fliege. Mit einer Schwimmschnur können wir, im Gegensatz zu sinkenden Schnüren, aber auch die ganz flachen Uferbereiche befischen und da blüht gerade im zeitigen Frühjahr, wenn das Wasser noch kalt ist, das meiste Leben (da sich die Flachwasserbereiche am schnellsten aufwärmen).

Unerlässlich ist eine Wathose. Wir wollen auch hier flexibel sein, denn in Gummistiefeln kommt man selten trockenen Fußes auf die nächste Sandbank. Wenn du mich fragst, nimm eine atmungsaktive Wathose, die kann man für alles und alle Jahreszeiten nutzen. Dazu Watschuhe mit Filzsohle, um auch auf rutschigen Steinen einen sicheren Stand zu haben. Noch einen Watkescher (nicht zu klein), eine wasserdichte Fliegendose (Salzwasser beschleunigt Rost), einen Hakenlöser, einen Hakenschleifer (scharfe Haken sind unerlässlich, wir wollen ja nicht unseren ersten Meerforellen-Biss aufgrund eines stumpfen Hakens verpassen) und Vorfachmaterial in Stärken von 0,22 bis 0,26 – und die Ausrüstung ist komplett.

Inzwischen gibt es eine Unmenge an Meerforellen-Fliegen und jeder

1. Auch wenn Meerforellen alles fressen, was gerade zu fassen ist, ist es trotzdem gut, eine gewisse Auswahl an Fliegen zur Hand zu haben.

2. Beim Fischen auf Meerforellen ist Geduld gefragt.

Bei abwechslungsreichen Strukturen im Wasser findet man häufig einen Fisch.

schwört auf ein anderes Muster. Machen wir es nicht zu kompliziert. Meerforellen sind Nahrungsopportunisten und fressen das, was gerade da ist. Deshalb ist es gut, wenn unsere Fliege möglichst viele Nährtiere gleichzeitig imitiert. Aus diesem Grund bin ich kein Fan von genauen Imitationen von einzelnen Nährtieren wie Garnelen oder Sandaalen, sondern fische lieber allgemeine Muster wie die „Magnus“ oder „Woolly Bugger“ in verschiedenen Farbvarianten. Im Frühjahr funktionieren Grün-, Braun- und Grautöne, im Sommer vor allem Schwarz, da man vorwiegend in der Dämmerung und nachts fischt und schwarz gegen den Himmel besser zu sehen ist. Im Herbst sind Rot-, Braun- und gedeckte Orangetöne am fängigsten und bei kaltem Wasser, also überwiegend im Winter, sind grelle Farben (Orange und Pink) geeignet. Bei viel Licht (Sonne) und klarem Wasser fische ich gerne mit gedeckten Farben mit wenig bis keinem Glitzer. Je trüber das Wetter und das Wasser, umso auffälliger wird die Fliege.

Natürlich habe ich auch einige „Spezial-Fliegen“ in der Box wie die „Isolde“ und den „Rentner“, aber auch das sind eher allgemeine Muster als genaue Imitationen eines Nahrungstierchens. Eine Ausnahme von meiner Vorliebe zu Allround-Fliegen mache ich, wenn die Borstenwürmer unterwegs sind (ab ca. 7 Grad Wassertemperatur). Dann fische ich gerne mit großen Wurmfliegen, aber auch ein brauner „Woolly Bugger“ in Größe 6 funktioniert gut.
Zur Einholtechnik der Fliegen gibt es nicht so viel zu sagen. Je kleiner, desto langsamer. Nur der Borstenwurm ist wieder die Ausnahme: Er sollte möglichst langsam geführt werden. Kleine, ruckartige Einholbewegungen funktionieren oft besser als lange, langsame Züge, aber das ist nicht in Stein gemei-

ßelt. Am besten ist es, verschiedene Einholgeschwindigkeiten auszuprobieren, bis man die passende gefunden hat. Und jetzt die entscheidende Frage: Wann soll ich wo fischen? Klassische Meerforellen-Stellen sind eigentlich nicht schwer zu erkennen. Sie zeichnen sich durch viel Struktur aus. Der sogenannte Leopardengrund besteht aus Steinen, Tangfeldern, Muschel- und Sandbänken. Dieses abwechslungsreiche Terrain führt zu einer großen Auswahl an Nährtieren. Hier ist die Dichte an verschiedenen Grundelarten, Garnelen, Wasserasseln, Sandaalen, Borstenwürmern etc. am größten und je nachdem, was gerade am meisten vorhanden und aktivsten ist, wird dann von den Meerforellen gefressen. Im Vergleich dazu finden wir an reinen Sandstränden eher weniger Nährtiere und entsprechend weniger Meerforellen.
Auch immer von Vorteil sind unterschiedliche Wassertiefen. Steilküsten sind zum Beispiel ein Hinweis darauf, dass die Wassertiefe schnell ansteigt, und wenn wir 3 m tiefes Wasser in Wurfweite haben, ist das nie verkehrt. Wir sollten auch hier nach abwechslungsreichen Strukturen Ausschau halten: Löcher, Rinnen, Tiefenkanten oder Riffe sind immer für einen Fisch gut. Unsere Chance auf einen Fisch steigt auch, wenn sich das Wasser bewegt, denn dann werden Nährtiere aus ihren

Video zum Fischen auf Meerforelle – Link: https://youtu.be/v8v8dBxhy6c

Auch die Jahreszeit spielt eine Rolle beim Fischen auf Meerforellen.

Eine Meerforelle - der Fisch der tausend Würfe

Verstecken gespült, sind leichte Beute und die Meerforellen auf der Jagd. Wir sollten also nach Strömungen suchen. Diese entstehen durch Wind oder Gezeiten (Tide), oft in Kombination mit Strukturen unter Wasser (Rinne oder Riff). Wir sollten uns bei unserer Spotwahl also vor allem auch angucken, von wo der Wind kommt, denn das ist auch fürs Werfen nicht ganz unerheblich.
Außerdem sollten wir die Jahreszeiten beachten. Im Frühling sind die Fische gerade vom Laichen zurückgekehrt und haben Hunger. Das Wasser ist noch relativ kalt und sie suchen Bereiche mit niedrigerem Salzgehalt wie Fjorde oder Förden auf. Im Uferbereich erwärmt sich das Wasser am schnellsten, dort ist die meiste Nahrung und damit auch die Fische - und genau dort sollten wir fischen. Regelmäßig werden dann Fische in knietiefem Wasser gefangen. Steigt die Wassertemperatur über 8 Grad, zieht es die Fische an die offene Küste. Der Herbst ist schwieriger. Die Fische befinden sich in Vorbereitung auf das Laichgeschäft und schlagen sich noch einmal den Bauch voll. Man sieht zwar oft Fische, aber sie beißen nicht so arglos wie im Frühjahr. Von Sommer (da verlagert sich die Fischerei in die Nacht) und Winter (die meisten Fische sind zum Laichen im Fluss) lassen wir als Meerforellen-Einsteiger die Finger.

Regenbogenforellen zeichnen sich durch einen silbrigen Glanz und ein pinkes Band auf der Flanke aus.

Finden wir eine Stelle mit Leopardengrund, unterschiedlichen Wassertiefen, Strömung und zusätzlich leicht getrübtem Wasser oder sogar einer Trübungskante, heißt es: Jackpot! Denn das sind die perfekten Bedingungen zum Fischen auf Meerforellen.
Wenn wir uns an diese einfachen Grundregeln halten, können wir unsere tausend Würfe bis zum ersten Fisch schon deutlich reduzieren, was natürlich nicht bedeutet, dass wir einen Fisch nach dem anderen fangen. So ist Meerforellen-Fischen nicht. Jeder Fisch ist etwas Besonderes und das macht den Reiz aus. Außerdem gibt es auch Tage, an denen geht einfach nichts aufgrund von schlechten Bedingungen (starker Wind oder starke Wassertrübung). Aber nicht verzweifeln, einfach gemütlich an den Kamin setzten und auf bessere Bedingungen warten. Das macht doppelt Sinn, denn dadurch verringert sich auch die Anzahl der Würfe ohne Fisch.
Wenn ich aber 800 km bis an die Küste gefahren bin und nur drei Tage Zeit zum Fischen habe, fische ich mit Sicherheit bei jedem Wetter. Denn auch beim Meerforellen-Fischen gilt: Nur wenn die Fliege im Wasser ist, kann sie Fische fangen!

Regenbogenforelle

Die Regenbogenforelle stammt ursprünglich aus Nordamerika. Sie wurde in den 1880er-Jahren eingebürgert, da sie robuster als die Bachforelle ist. Das heißt, sie kann besser mit schlechterer Wasserqualität und höheren Wassertemperaturen umgehen, weshalb sie viel häufiger in der Fischzucht verwendet wird als die Bachforelle und auch gerne in Flüssen besetzt wird.
Es hat aber ein Umdenken stattgefunden. Regenbogenforellen vermehren sich in Deutschland in der Regel nicht. Es gibt einige wenige Gewässer in Deutschland, in denen die Reproduktion von Regenbogenforellen nachge-

Regenbogenforellen sind sehr kampfstark.

wiesen ist, aber das ist eher die Ausnahme. Und da in den meisten Gewässern das Ziel ein sich selbst reproduzierender Bestand ist, werden sie in vielen Gewässern nicht mehr besetzt.
Regenbogenforellen sind durch ihre silbrige Färbung gut von Bachforellen zu unterscheiden. Außerdem haben sie ein pinkes Band auf der Flanke und, im Gegensatz zur Bachforelle, viele kleine Punkte auch auf der Schwanzflosse.
Auch sie passen sich ihrer Umgebung an. Fische, die über dunklem Grund stehen, sind auch dunkler gefärbt und so ist der eigentlich deutlich erkennbare Unterschied zwischen Bach- und Regenbogenforelle manchmal nicht ganz so deutlich. Aber Verwechslungsgefahr besteht in der Regel nicht.
Die Fischerei auf Regenbogenforellen in Deutschland unterscheidet sich nicht grundsätzlich von der auf Bachforellen.
Alle Techniken, die wir zum Fischen auf Bachforellen verwenden, können wir auch auf Regenbogenforellen anwenden. Bei der Wahl der Standplätze der Fische gibt es einen Unterschied. Regenbogenforellen mögen schnelleres Wasser als die Bachforelle, was aber nicht heißt, dass wir sie nicht auch an den gleichen Standplätzen wie Bachforellen antreffen können. Regenbogenforellen sind sehr kampfstark und deshalb ist der Drill einer Regenbogenforelle oft spektakulärer als der einer gleichgroßen Bachforelle.
Bei der Wahl der Streamer kann es beim Fischen auf Regenbogenforellen auch einmal etwas auffälliger und farbenfroher sein, ansonsten funktionieren die gleichen Muster.

Äsche

Äschen gelten als die „Damen des Flusses“ und dies nicht von ungefähr. Kleiden sie sich doch in sehr feines Gewand, wobei besonders die Rückenflosse zu beeindrucken weiß. Auch bei der Wahl ihrer Speisen sind sie sehr wählerisch. Grobe Leckerbissen wie Streamer werden in der Regel verschmäht (Ausnahmen bestätigen die Regel) und je kleiner und zarter die Trockenfliege, desto leichter überzeugt sie eine Äsche. Deshalb gilt in Deutschland der Herbst auch als die Äschen-Saison, da sie kleine Eintagsfliegen und Mücken bis in den Dezember hinein von der Oberfläche pflücken, wenn alle anderen Fische das Steigen längst eingestellt haben.
Der lateinische Name (Thymallus thymallus) kommt daher, dass der Entdecker der Äsche der Meinung war, sie würde nach Thymian duften oder schmecken. Das kann ich nicht wirklich nachvollziehen, aber vielleicht habe ich auch einfach keinen besonders feinen Gaumen. Ich finde, dass der ganze Fisch eher nach Gurke riecht und das Fleisch keinen besonders starken Eigengeschmack hat. Um die Äsche steht es in Deutschland schon seit vielen Jahren nicht besonders gut. Es gibt immer noch Gewässer mit guten Beständen, aber die sind selten. Lange Zeit hatte sie mit Gewässerverschmutzung zu kämpfen, hier gibt es definitiv Verbesserungen. Aber ihr zweites großes Problem ist, dass sie sich gerne im Freiwasser aufhält und sehr spät flüchtet, was sie quasi zur optimalen Beute von Kormoran und Co. macht. Gerade in kalten Wintern, wenn alle stehenden Gewässer zugefroren sind, fallen viele Äschen den raubenden Wasservögeln zum Opfer. Deshalb nehme ich auch in Deutschland keine Äschen mehr mit. Wenn jemand eine Äsche essen will, soll er dies bitte in Skandinavien tun, denn in Schweden und Norwegen gibt es sie wie Sand am Meer (auch in wirklich beachtlichen Größen).
Sie unterscheiden sich optisch zwar deutlich von den anderen Forellenartigen, haben aber als gemeinsames äußeres Merkmal die Fettflosse. Ein besonderes Merkmal ist ihre große, sehr farbenfrohe Rückenflosse, die bei den Männchen noch beeindruckender gefärbt und geformt ist. Außerdem haben sie, im Gegensatz zu den anderen Salmoniden, ein unterständiges Maul, was auf eine Nahrungsaufnahme am Grund hindeutet. Dort nehmen sie auch wirklich den Großteil ihrer Nahrung auf. Zudem fressen sie gerne an der Oberfläche, wobei sie ein für Äschen typisches Steigverhalten zeigen: Entweder schlürfen sie die Insekten ganz vorsichtig von der Oberfläche oder nehmen die Fliege sehr enthusiastisch in einer rollenartigen Bewegung. Wenn ihr also mal eine Äsche mit der

Das unterständige Maul der Äsche verweist darauf, wo sie einen Großteil ihrer Nahrung aufnimmt.

1

2

1. Eine Äsche über 50 cm ist immer etwas Besonderes.

2. Äschen bestechen durch ihre bunte Rückenflosse.

Fliege fangen wollt, solltet ihr eure Nymphen- und Trockenfliegendose mitnehmen, Streamer könnt ihr getrost zuhause lassen. Eine Sache noch zur Trockenfliegenauswahl: Äschen lieben, warum auch immer, Rot. Deshalb sollte eine „Red Tag" in keiner Äschen-Dose fehlen.

Saiblinge

Saiblinge sind für mich die schönsten Fische, die es gibt. Mein absoluter Lieblingsfisch ist die Bachforelle, aber Saiblinge sind die schönsten. Mit ihren orangenen Bäuchen und den roten bauchseitigen Flossen sind sie immer eine Augenweide. Egal, ob Seesaibling, die in Europa einheimische Art, oder Bachsaibling, der wie die Regenbogenforellen aus Nordamerika eingebürgert wurde. Gerade die größeren Exemplare sind nicht besonders leicht zu fangen und üben deswegen eine ganz besondere Faszination aus. Der Besatz mit Bachsaiblingen wurde in Deutschland zwar weitgehend eingestellt, aber es gibt noch „Restbestände" und hin und wieder reißen welche aus Fischzuchten aus, so dass man sie in einigen Gewässern durchaus noch fangen kann. Der Seesaibling kommt in Deutschland nur im Alpenvorland vor, da er sehr niedrige Wassertemperaturen über das ganze Jahr hinweg bevorzugt. Im nördlichen Schweden gibt es dagegen große Bestände und der Fang eines arktischen

Saiblinge fallen wegen ihrer kräftigen Farben auf.

Video zum Fischen auf Saiblinge in Schweden – Link: https://youtu.be/9K1vC5Q02P8

Saiblinge fängst du in der Regel mit Nymphen oder Trockenfliegen.

Saiblings (wie der Seesaibling dort bezeichnet wird) ist keine Seltenheit. Aber auch hier muss man wissen, wie man ihn am besten fängt.
Die Fischerei auf Saiblinge im Fluss ist ähnlich wie die auf andere Salmoniden, mit der Besonderheit, dass Seesaiblinge sehr selten auf Streamer beißen. Sehr gute Erfahrungen habe ich mit kleinen, sehr spärlich gebundenen Nymphen und kleinen Trockenfliegen aus CDC gemacht. Aber wenn große Insekten unterwegs sind, fressen sie auch die gerne. In Lappland kommt es alle paar Jahre (bei längeren Ostwind-Phasen im Sommer) zu einem massenhaften Vorkommen der sogenannten Rüsseflue (einer Vertreterin der Bibio-Familie, verwandt mit der deutschen Hagedorn-Fliege) und dann fressen die Saiblinge auch nur noch die.
Aber auch beim Fischen auf Saiblinge kommt es vor allem auf die Präsentation der Fliege an. Trockenfliegen müssen absolut bewegungslos abtreiben und Nymphen genau auf der richtigen Tiefe angeboten werden. In Seen ist die Fischerei mitunter etwas einfacher. Wenn die Saiblinge von der Oberfläche fressen, müssen wir nur ihre Schwimmbahn antizipieren, unsere Trockenfliege an der richtigen Stelle ablegen und warten. Fressen sie nicht von der Oberfläche, sollten wir unsere Nymphe erst absinken lassen und dann ganz langsam einziehen, um aufsteigende Insektenlarven zu imitieren.

Lachs & Co.

Der atlantische Lachs ist der König der Fische. Einmal einen zu fangen, ist der Traum vieler Fliegenfischer. Aber als Fisch für den Einstieg ins Fliegenfischen ist er absolut ungeeignet. Denn Lachse fängt man nicht wie am Fließband. Es vergehen nicht selten Tage, manchmal Wochen, bis der erste Fisch an der Angel zappelt. Dies trifft auf Topreviere wie Norwegen, aber noch viel mehr auf Deutschland zu. Wir hatten mit Rhein und Elbe einmal zwei der besten Lachsflüsse in Europa, aber das ist lange her. Durch Befischung, Gewässerverschmutzung und -verbauung war der Lachs in Deutschland quasi ausgestorben. Die vielen Wiederansiedlungsprojekte in ganz Deutschland versuchen, dies wieder zu ändern, aber es ist ein langer Weg. Großen Respekt an alle ehrenamtlichen Helfer!
Gefischt wird meist mit Zweihand-Ruten und Reizfliegen. Die Fischerei weicht aber so elementar von allem ab, was in diesem Buch sonst besprochen wird und ist so umfangreich, dass man ein eigenes Buch damit füllen könnte. Zudem gibt es Leute, die sich deutlich besser mit der Fischerei auf Lachse auskennen als ich.
Es gibt noch weitere Salmoniden in Deutschland, wie z.B. Huchen oder Seeforellen. Huchen werden mit schweren Streamern an tiefen Stellen beangelt und haben ihre Laichzeit (und damit auch ihre Schonzeit) im Frühling. Seeforellen sind genetisch Bachforellen, leben aber, wie der Name schon sagt, in Seen. Die Fischerei ist ähnlich wie die auf Meerforellen oder Bachforellen in stehenden Gewässern. Zum Laichen ziehen sie in einmündende Flüsse. Weiter auf diese Fische einzugehen, würde den Rahmen dieses Kapitels sprengen und außerdem habe ich nicht viel Ahnung von der Fischerei auf diese Fische. Außerdem gibt es

Lachse sind in Deutschland eine Seltenheit – dieser stammt aus Norwegen.

1

2

Salmonidenarten wie die kleine Maräne oder den Stint, die fürs Fliegenfischen nicht weiter relevant sind, weshalb wir es dabei belassen, sie erwähnt zu haben.

RAUBFISCHE

Das Fliegenfischen auf Raubfische gehört nicht gerade zu den klassischen Arten des Fliegenfischens, ist aber wahnsinnig spannend! Ihre Anforderungen an den Lebensraum sind sehr unterschiedlich. Sie haben aber bei weitem nicht so hohe Anforderungen wie die Salmoniden. Hechte mögen keine starke Strömung und bevorzugen Bereiche mit guten Unterständen wie Krautfelder oder versunkene Bäume. Barsche gibt es fast überall und Rapfen rauben gerne in der Nähe von starker Strömung. Alle folgen ihrer Nahrung, also in der Regel den Weißfisch-Schwärmen. Stehen diese tief, so finden wir auch die Raubfische im tiefen Wasser und so weiter.
Ich beschränke mich hier auf Hecht, Barsch und Rapfen, da sie auch für Einsteiger ins Fliegenfischen relativ leicht zu beangeln sind. Auch Zander, Wels etc. lassen sich mit der Fliege fangen, was aber nichts für den Einstieg ins Fliegenfischen ist. Wenn du ein gutes Wels- oder Zander-Revier vor der Tür hast und dich dort auch noch gut auskennst, solltest du es auf jeden Fall einmal probieren.

Hecht

Beim Fliegenfischen auf Hecht fischst du mit sehr großen Fliegen auf große Fische und die Bisse sind meistens absolut spektakulär! Da Hechte sehr aggressive Räuber sind und deine Fliege oft dicht unter der Wasseroberfläche einholen, durchbrechen die Fische, wenn sie den Köder attackieren, regelmäßig die Oberfläche - und dann rutscht einem schon einmal das Herz in die Hose. Der Begriff Fliege ist in diesem Zusammenhang wieder etwas irreführend, da wir nicht mit Imitationen von Insekten angeln, sondern mit Streamern Fische imitieren oder einfach nur einen Reiz für die Hechte ausüben. Deshalb sind Hecht-Streamer meist bunt, glitzern ordentlich und bestehen aus sehr beweglichem Material, das gut im Wasser spielt. Pike Bunnys und Flash-Fliegen sind sowohl einfache als auch effektive Muster.
Die größte Herausforderung beim Fliegenfischen auf Hecht wird am Anfang das Werfen der zum Teil sehr großen Köder sein. Deshalb sollte die Wahl eurer Rute etwas schwerer ausfallen. Am besten geeignet sind Ruten der Klasse #8 oder #9 mit einer Länge von 2,70 Metern. Unabdingbar ist ein Vorfach mit Bissschutz. Ich benutze am liebsten geflochtenes Titan. Damit habe ich die besten Erfahrungen gemacht, da es beim Werfen nicht verdrallt und absolut unzerstörbar ist.

1. Der Lachs gilt als König der Fische.

2. Das Fliegenfischen auf Raubfische ist etwas für Abenteurer.

108

Hier geht's zum Fliegenfischen auf Hecht.

1. Hechte sind aggressive Räuber.

2. Das Werfen der großen Köder ist für viele Einsteiger eine Herausforderung beim Fliegenfischen auf Hecht.

3. Dort, wo die Futterfische sind, sind auch die Hechte.

2

1

3

Schöner Bodden-Hecht – bei klarem Wasser und Sonnenschein funktionieren gedeckte Farben gut.

Da das Fliegenfischen auf Hecht gegenüber anderen Angelarten einige Vorteile hat, gewinnt es zunehmend neue Anhänger, nicht nur unter eingefleischten Fliegenfischern, sondern auch unter Spinnfischern. Vorteil Nummer eins: Die meisten Hechte haben noch nicht viele Streamer gesehen und inhalieren sie deshalb relativ bedenkenlos. In stark befischten Gewässern sind sie bei Wobblern und Blinkern dagegen eher vorsichtig. Vorteil Nummer zwei: Mit der Fliege ist man wahnsinnig flexibel. Zum einen lässt sich die Einholgeschwindigkeit beim Fliegenfischen sehr stark variieren und so kann der Köder von sehr langsam bis sehr schnell geführt werden. Zum anderen lässt sich auch die Tiefe, in der wir den Köder anbieten, gut anpassen. Wollen wir unsere Fliege direkt unter der Wasseroberfläche anbieten, zum Beispiel in einem sehr verkrauteten Gewässer, dann nehmen wir eine Schwimmschnur und einen unbeschwerten Streamer. Wollen wir weit runter, weil die Hechte gerade tief stehen, nehmen wir eine Sinkschnur und einen beschwerten Streamer.
Die Angeltechnik ist denkbar einfach. Du wirfst deinen Streamer aus und ziehst ihn in gleichmäßigen Zügen wieder ein. Dabei macht es Sinn, die Länge der Züge und die Geschwindigkeit des Einholens zu variieren, da die Hechte oft unterschiedlich auf verschiedene Einholtechniken reagieren.
Ein sehr entscheidender Punkt ist auch das Ausmachen guter Standplätze. Und hier wird es nun kompliziert. Denn die guten Standplätze für Hechte variieren sehr stark je nach Beschaffenheit des Gewässers. In fließenden Gewässern suchen sie zum Beispiel strömungsberuhigte Bereiche auf, in Seen zu unterschiedlichen Jahreszeiten unterschiedliche Wassertiefen. Das wichtigste Kriterium für die Auswahl ihrer Standplätze ist für die Hechte ganz klar ihre Nahrungsquelle. Dort, wo die Futterfische sind, sind also auch die Hechte. Heißt also, wenn du weißt, wo sich die Futterfische aufhalten, bringt dich das ein ganzes Stück näher zu den Hechten!

Barsch

Barsche hatten früher nicht den besten Ruf („Ist der erste Fisch ein Barsch, ist der Angeltag im A…"). Das hat sich inzwischen geändert. Es gibt richtige Barsch-Experten. Außerdem sind sie ein guter Einstiegsfisch zum Fliegenfischen. Denn einerseits kommen sie in vielen Gewässern vor, und andererseits sind sie nicht schwer zu fangen. Zugute kommt uns dabei, dass sie sehr neugierig sind, und da Fische nun einmal keine Hände haben, nehmen sie alles,

was sie interessant finden, erst einmal in den Mund. Ausspucken kann man es ja immer noch, es sei denn, die Sache hat einen Haken...
Je größer die Fische sind, desto schwieriger sind sie natürlich zu fangen. Das trifft auch auf Barsche zu. Die kleineren Exemplare sind allerdings nicht besonders scheu und auch nicht besonders wählerisch, was die Nahrung angeht. Sie fressen so ziemlich alles: von Insektenlarven über Würmer bis hin zu kleinen Fischen. Ich habe auch schon Barsche Insekten von der Wasseroberfläche fressen sehen. Das macht uns die Köderwahl relativ leicht. Es funktionieren Nymphen genauso wie Streamer. Meine Lieblings-Barsch-Fliege ist ein Clouser Deep Minnow in gelb/rot. Der hat mich noch nie im Stich gelassen.
Als Rute kannst du getrost eine Allround-Rute der Schnurklasse #5 oder #6 nehmen. Du brauchst keine extra Barsch-Rute. Auch hier heißt es natürlich wieder, die Fische zu finden. Hast du dies geschafft, sollte es nicht bei einem Barsch bleiben.

Rapfen

Der Rapfen ist der einzige räuberisch lebende Weißfisch. Wir können ihn also mit Streamern befischen. Es funktionieren unterschiedlich große Strea-

1

2

3

1. Barsche sind gute Fische für Einsteiger, da sie sehr neugierig sind und häufig anbeißen.

2. Selbst in der Stadt finden wir in fast jedem Gewässer Barsche.

3. Wir nennen Rapfen spaßhaft auch „City-Tarpon", da große Exemplare sehr kampfstark sein können.

mer, meistens eher in natürlichen Farben wie weiß/blau oder weiß/grün. Wenn es einmal ein bisschen mehr Reiz braucht, ist die Kombination weiß/rot gut. Besonders spannend ist das Fischen mit „Poppern" auf Rapfen. Popper sind Oberflächen-Streamer. Sie schwimmen und haben einen speziell geformten Kopf meist aus Schaumstoff, der beim Einziehen der Fliege ein „Plopp"-Geräusch macht und eine starke Druckwelle erzeugt. Die Takes sind sehr spektakulär, da der Rapfen mit viel Geschwindigkeit angeschossen

kommt und die Oberfläche durchbricht, während er den Popper inhaliert. Beim Fischen auf Rapfen benötigst du keine besondere Rute. Fischst du mit kleineren Streamern, tut es eine #6er. Bei größeren Fliegen würde ich eine #8er empfehlen.

Rapfen gibt es sowohl in Seen als auch in größeren Flüssen oder Kanälen, auch in der Stadt kommen sie vor. Sie rauben gerne an Strömungskanten und schießen dabei von unten in die Kleinfischschwärme. Das ist beeindruckend mitanzusehen. Rapfen können beachtliche Größen über 80 cm erreichen und geben im Drill ordentlich Gas. Deswegen haben sie bei uns den Spitznamen „City-Tarpon" (Tarpon ist ein sehr kampfstarker Salzwasserfisch).

CYPRINIDEN (KARPFENARTIGE)

Cypriniden oder Weißfische, wie sie unter Anglern heißen, gibt es quasi überall. Das macht sie besonders interessant, denn dadurch eignen sie sich auch sehr gut, um die ersten Versuche mit der Fliegenrute zu wagen. Jeder hat ein Gewässer vor der Tür, in dem es Weißfische gibt: von naturnahen Flüssen über begradigte Kanäle und Baggerseen bis hin zu den Brackwasserbereichen an der Ostseeküste. Selbst in Berlin wimmelt es in der Spree und ihren Seitenkanälen von Weißfischen. Die Anforderungen an ihren Lebensraum sind ziemlich gering. Bei Wasserqualität, Temperatur und Sauerstoffgehalt sind sie weit entfernt von den Anforderungen der Salmoniden. Das einzig Essenzielle ist genügend Nahrung. Je nach Art bevorzugen sie unterschiedliche Gewässertypen, Standplätze und Nahrung.

Weißfische wie dieser Döbel sind nicht zu verachten und können spannende Fischerei bieten.

1

Brassen, Alande, Plötzen & Co.

Ganz ehrlich, kulinarisch sind die folgenden Fischarten nicht besonders spektakulär. Fischbuletten sind das einzige, wofür ich sie gerne nutze. Meine Oma hat früher immer Brassen in Aspik gemacht. Damit konnte man mich jagen. Inzwischen mag ich sauer eingelegten Fisch ganz gerne, aber ich bevorzuge Brathering…

Auch fischereilich haben sie nicht den besten Ruf. Aber sie außer Acht zu lassen, wäre ein Fehler. Plötzen und Rotfedern gibt es quasi überall. Sie werden zwar nicht übermäßig groß, sind aber dafür nicht so wählerisch, was die Standplätze angeht. Manchmal halten sie sich im Flachwasser, manchmal in tieferen Bereichen auf. Oft fressen sie in Grundnähe, aber auch gerne von der Oberfläche. Sie lassen sich gut mit Nymphe und Trockenfliege beangeln und wir brauchen uns nicht allzu große Gedanken über die Fliegenmuster zu machen. Sie sind eigentlich die perfekten Fische für den Start. Wir können nicht viel falsch machen und der Fangerfolg lässt nicht lange auf sich warten. Lieber erst einmal eine Plötze mit der Fliege fangen, als sich an stark beangelten und dementsprechend „zickigen" Forellen die Zähne auszubeißen.

Alande sind Oberflächenfische und daher besonders interessant fürs Fliegen-

2

3

fischen. Sie fressen gerne Insekten von der Oberfläche und sind daher prädestiniert für die Trockenfliege. Sie fressen aber auch regelmäßig Insektenlarven und Flohkrebse unter Wasser. Dann lassen sie sich gut mit aufsteigenden Nymphen oder Flohkrebs-Imitationen fangen. Eigentlich leben sie hauptsächlich in stehenden Gewässern, unternehmen aber Laichwanderungen in angeschlossene Fließgewässer. Und dann, von April bis Juni, trifft man sie in großen Gruppen an.

Brassen (auch Blei oder Brachsen genannt) leben überwiegend in nährstoffreichen Seen und langsam fließenden Flüssen mit schlammigem Untergrund. In der Regel halten sie sich am Grund auf und fressen auch dort, vor allem Insektenlarven, Würmer und kleine Muscheln. Am spannendsten ist die Fischerei im klaren Gewässer mit der Nymphe auf Sicht. Wenn eine einzelne oder eine Gruppe Brassen ausgemacht ist, legt man die Nymphe in die antizipierte Schwimmbahn ab, lässt sie zum Grund sinken und zupft sie kurz an, wenn die Fische in Reichweite sind. Das funktioniert fast immer! Ich habe noch nie eine Brasse mit der Trockenfliege gefangen, dafür aber mit dem Streamer. Die gemeine Raubbrasse ist auch den Spinnfischern bekannt.

1. Weißfische sind fast überall zu finden.

2. Brassen lassen sich auch gut in der Stadt fagen.

3. Als kulinarische Highlights lassen sich diese Fische eher nicht bezeichnen.

Döbel

Döbel sind wirklich spannende Fische fürs Fliegenfischen. In manchen Gewässern kommen sie in großen Stückzahlen vor, aber wer daraus schließt, dass sie immer leicht zu fangen sind, liegt leider daneben. Döbel können echte Diven sein, die sich zwar jede Fliege angucken, aber keine ins Maul nehmen.

Ich habe schon Tage erlebt, an denen ich einer Gruppe Döbel fast meine komplette Fliegendose gezeigt habe, bevor ich einen Fisch mit einer meiner Fliegen überzeugen konnte.

Döbel sind überwiegend in mittelschnell fließenden Flüssen und Bächen zu finden. Sie leben gerne in Gruppen und sind eigentlich Oberflächenfische. Man sieht sie aber gerade in flacheren Bächen oft auch am Grund stehen oder umherziehen. Ihr Nahrungsspektrum ist relativ breit: Würmer, Bachflohkrebse, Insektenlarven, Weichtiere und Fluginsekten gehören dazu, genauso wie Fische und Amphibien. Große Döbel lassen sich eigentlich am besten gezielt mit Streamern fangen, da sie große Happen bevorzugen. Manchmal funktionieren auch Nymphen, auf Sicht oder tief am Grund geführt. Lustigerweise habe ich meine beiden größten Döbel mit der Trockenfliege gefangen. Keine Regel ohne Ausnahme! Aber das war in der Maifliegenzeit, da kommen alle dicken Fische zur Oberfläche, um sich die großen Fliegen zu schnappen.

Ein kleiner Döbel

Karpfen & Barben

Kommen wir jetzt zu zwei Fischarten, die etwas herausfordernder sind. Karpfen sind die kampfstärksten Süßwasserfische, die es in Deutschland gibt. Vielleicht machen die Barben ihnen noch Konkurrenz. Aber ich habe selten so viel Backing gesehen wie beim Fliegenfischen auf Karpfen. Sie leben in warmen, stehenden oder langsam fließenden Gewässern mit schlammigem oder sandigem Untergrund. Gerne auch mit reichlich Wasserpflanzen. Den größten Teil des Jahres halten sie sich am Gewässergrund in tieferen Bereichen auf. Dort nehmen sie auch das meiste ihrer Nahrung auf. Durch ihre zweigeteilte Schwimmblase können sie fast senkrecht im Wasser stehen – optimale Voraussetzung zum Gründeln. Dabei durchforsten sie den Gewässergrund nach Würmern, Kleinkrebsen und Insektenlarven. Sie wühlen dabei viel Sediment auf, was dazu führt, dass viele gute Karpfengewässer eher trübes Wasser haben.

Wenn wir mit der Fliege auf Karpfen angeln wollen, wird es schwer, da unsere Fliege ja ein optischer Köder ist. Wir brauchen also Gewässer mit sandigem, eher festem Untergrund, um gut auf Karpfen angeln zu können. Eine Ausnahme bietet der Sommer, dann stehen viele Karpfen dicht unter der Wasseroberfläche und „sonnen" sich. Und dann nehmen sie auch gerne Nahrung von der Oberfläche. Unsere Chance mit der Trockenfliege! An Gewässern, an denen die Karpfen regelmäßig mit Brot gefüttert werden, ist die beste Wahl logischerweise eine Brotfliege (besteht aus Schaumstoff oder Rehhaar), und dann können wir wahre Sternstunden erleben.

Das Fliegenfischen auf Barben habe ich erst kürzlich für mich entdeckt. Um ehrlich zu sein, habe ich auch erst eine große Barbe gefangen. Ich bin also sicher kein Experte im Bereich Barben-Fischen, aber mein Interesse wurde geweckt und ich werde mich in Zukunft intensiver mit der Thematik auseinandersetzen. Barben fressen immer am Grund und spüren ihre Nahrung (in erster Linie Insektenlarven) dabei mit den Barteln auf. Das heißt, wir fischen mit Nymphen, am besten stark beschwert. Mit Trockenfliegen, Nassfliegen und Streamern brauchen wir es gar nicht erst versuchen.

1

2

1. So ein Karpfen an der Fliegenrute gibt ordentlich Gas.

2. Karpfen und Barben sind zwei herausfordernde Fischarten.

Video zum Fliegenfischen auf Karpfen – Link: https://youtu.be/DVoVsDlSgCg

Unsere Nymphe muss schön über den Gewässergrund „kratzen“, nur dann ist sie im interessanten Bereich. Im besten Fall servieren wir dem Fisch unsere Nymphe direkt vors Maul. Das heißt dann immer noch nicht, dass er sie nimmt, aber unsere Chancen stehen gut.
Wichtig ist auch Geduld. Ohne die geht es nicht. Meine große Barbe habe ich gefühlt 1000 Mal angeworfen, bevor sie die Nymphe genommen hat. Die Fliege war eine Hare's Ear Größe 12, also nichts Besonderes. Ob andere Nymphen besser funktionieren, kann ich noch nicht sagen, dafür fehlt mir die Erfahrung, aber das wird sich ändern!

Barben sind nicht leicht mit der Fliege zu fangen, aber das macht sie auch besonders.

FISCHARTEN

Fischart	Gewässertyp	Saison	Haupt-Nahrung
Bachforelle	fließend & stehend	März - Oktober	Insektenlarven, Insekten, Fische
Meerforelle	Meer	ganzjährig	Garnelen, Ringelwürmer, Fische
Regenbogenforelle	fließend & stehend	April bis Dezember	Insektenlarven, Insekten, Fische
Äsche	fließend	Juni bis Dezember	Insektenlarven & Insekten
Saibling	fließend & stehend	Januar—September	Insektenlarven & Insekten
Hecht	langsam fließend & stehend	Mai—Januar	Fische, Frösche, Mäuse etc.
Barsch	fließend & stehend	ganzjährig	alles
Rapfen	fließend & stehend	Juni—März	Fische
Plötze, Brassen & Co.	langsam fließend & stehend	ganzjährig	Insektenlarven & Insekten, Würmer etc.
Döbel	fließend	ganzjährig	alles
Karpfen	langsam fließend & stehend	ganzjährig	Insektenlarven & Insekten, Würmer etc.
Barbe	fließend	Juni—April	Insektenlarven & Würmer

DIE PRAXIS

1. Was sitzt denn da im Gras?

2. See im Hochgebirge mit Forellenbestand

Technik, Taktik, tolle Fänge

Nach der Wurftechnik, den Ködern, der Ausrüstung und den Fischen kommen wir jetzt zu dem Bereich, der uns noch fehlt, um erfolgreich mit der Fliege zu fischen: der Praxis.

Wir wissen jetzt zwar, wie wir werfen, aber noch nicht, wo wir hinwerfen sollen. Wir wissen, welche Fliegen es gibt, aber noch nicht, wie wir sie richtig präsentieren. Wir wissen, welche Ausrüstung wir brauchen, aber noch nicht genau, wie wir sie richtig einsetzen. Und wir wissen, welche Fische wir mit der Fliege fangen können, aber noch nicht, was wir machen, wenn einer angebissen hat. All diese Fragen und noch einige weitere wollen wir im Folgenden klären.

AM WASSER – KLEINE GEWÄSSERKUNDE

Es gibt eine ganze Reihe unterschiedlicher Gewässer, die für das Fliegenfischen interessant sind. Um zu beurteilen, ob ein Gewässer für uns interessant ist, sollten wir uns zunächst angucken, ob es die Anforderungen unserer Zielfischart an ihren Lebensraum erfüllt. „Wie ist die Wasserqualität?", „Wie ist der Sauerstoffgehalt?" und „Wie ist das Nahrungsaufkommen?" sind die entscheidenden Fragen, die wir uns stellen sollten. Nicht jede Fischart mag das Wasser sauber und klar wie Salmoniden, für sie ist es wichtiger, dass es nährstoffreich ist. Wenige Nährstoffe bedeuten außerdem in der Regel weniger Fische, da weniger Nahrung vorhanden ist.
Beim Fliegenfischen denkt man zunächst natürlich an Fließgewässer. Aber da gibt es massive Unterschiede. Auch wenn wir uns nur Forellenflüsse angucken, sehen wir eine große Bandbreite. Ein nahrungsreicher Tieflandbach hat wenig zu tun mit einem nährstoffarmen Hochgebirgsbach. Und ein kleiner, zugewachsener Mittelgebirgsbach hat wenig mit einem großen, offenen Fluss des Alpenvorlandes zu tun. Jeder hat seine Besonderheiten und

Tieflandbach

fischt sich anders. Die Fische suchen sich zum Beispiel unterschiedliche Standorte. In Gewässern mit starker Strömung suchen Forellen gerne Bereiche, die strömungsberuhigt sind auf, während in Flüssen mit sehr geringer Strömung gerade die schneller fließenden Bereiche gesucht werden. Es gibt natürlich auch Gemeinsamkeiten, zum Beispiel bei den Kriterien, nach denen Fische ihre Standplätze auswählen (mehr dazu im nächsten Abschnitt), oder bei der Präsentation der einzelnen Fliegentypen (mehr dazu in Abschnitt 7.3.2.). In stehenden Gewässern gibt es im Großteil Deutschlands, mal abgesehen von den besetzten Forellen-Seen (Put-and-Take-Seen), keine Salmoniden, da die Wassertemperaturen im Sommer zu hoch werden. Im Alpenvorland und in einigen Talsperren im Mittelgebirge sieht das natürlich anders aus. Um die Aufzählung komplett zu machen, muss noch die Ostsee als Heimatgewässer der Meerforelle genannt werden.
Betrachten wir zusätzlich Gewässer, in denen es keine Salmoniden gibt, wird die Bandbreite noch größer. Karpfenartige Fische gibt es im naturnahen Bach bis hin zum verbauten Kanal. Und auch hier gibt es genauso Unterschiede wie Gemeinsamkeiten. Raubfische folgen ihrer Nahrung und deshalb finden wir sie dort, wo sich auch die Futterfische aufhalten. Brassen und Karpfen fressen gerne am Grund, das ist so im verbauten Kanal wie auch im naturnahen Fluss. Deswegen finden wir sie meist in Grundnähe unabhängig von der Wassertiefe.
Variiert die Wassertiefe, ändern sich auch die Bereiche, in denen sich die meisten Fische aufhalten. In Gewässern

1

2

1. Mittelgebirgsbach

2. Krautbänke bieten Unterschlupf für Insektenlarven und Deckung für Fische.

Um Fische fangen zu können, muss man sie erst einmal finden.

mit durchgehend tiefem Wasser finden wir zum Beispiel viele Fische in Ufernähe. In Gewässern mit seichten Uferbereichen und großen Flachwasserzonen stehen die Fische gerne an den Abbruchkanten zum tieferen Wasser. Auch die Jahreszeiten haben einen Einfluss auf die Standplätze der Fische. Karpfen beispielsweise verlassen im Sommer den Grund und „sonnen" sich unter der Oberfläche. Wenn das Oberflächenwasser im Winter kalt wird, ziehen viele Fische in tiefere Gebiete, wo es sich nicht so schnell abkühlt. Einige Fische nehmen Laichwanderungen unterschiedlicher Länge vor. Meerforellen ziehen aus dem Meer in die Flüsse, Hechte ins Flachwasser, einige Weißfischarten aus Seen in einmündende Flüsse. Bei unterschiedlichen Wetterbedingungen finden wir die Fische oft in unterschiedlichen Bereichen. Bei Sonnenschein stehen scheue Fische zum Beispiel eher unter Ästen, die Schatten bieten, oder im tieferen Wasser.

FISCHE FINDEN

Wenn wir ans Wasser kommen, egal ob Fluss, See oder Meer, sollten wir uns Gedanken machen, wo die Fische sich aufhalten. Wie wir gerade gesehen haben, wechseln die Standorte mit der Beschaffenheit des Gewässers, den Jahreszeiten und den Wetterbedingungen. Deshalb sollten wir uns über diese Dinge und ihre Auswirkungen im Klaren sein, bevor wir mit dem Fischen beginnen.
Dies bietet die Grundlage, um Fische finden zu können, und das müssen wir, wenn wir sie fangen wollen. Natürlich kann man auch blind drauflos fischen und hoffen, dass etwas passiert. Aber wenn wir systematisch an die Sache herangehen, erhöhen wir unsere Fangchancen massiv.

Wir haben grundsätzlich immer zwei Möglichkeiten, die Fische zu finden. Eine Möglichkeit ist, dass wir sehr klares Wasser und gute Lichtverhältnisse haben, dann können wir einige (wenn auch nicht alle) Fische direkt im Wasser stehen oder ziehen sehen. Neben klarem Wasser und den Lichtverhältnissen spielen auch die Färbung des Gewässergrundes und die Beschaffenheit des Gewässers eine wichtige Rolle. Über einem hellen Gewässergrund und mit wenig Struktur im Wasser ist es deutlich leichter, Fische auszumachen, als in einem Gewässer mit dunklem Untergrund und abwechslungsreicher Struktur. Du solltest nicht davon ausgehen, immer den ganzen Fisch zu sehen. Oft verraten sich Fische unter Wasser durch sich bewegende Schatten, Flossenbewegungen oder Ähnliches. Wenn wir einen Fisch entdeckt haben, können wir ihn direkt anwerfen und auch verfolgen, wie er auf unsere Fliege reagiert. Aber Achtung, wenn wir sie sehen, können sie uns, wenn wir nicht vorsichtig sind, auch sehen! Für mich ist das Fischen auf Sicht das Spannendste, was man machen kann, aber leider haben wir die perfekten Bedingungen dafür in Deutschland nicht an vielen Gewässern und Angeltagen.
Die zweite Möglichkeit, die Fische zu finden, besteht über die Standplätze. Finden wir einen guten Standplatz, sind die Chancen sehr hoch, dass sich

AUFFÄLLIGES

Bevor du mit dem Fischen beginnst, solltest du dir ein paar Gedanken darüber machen, was die Besonderheiten des zu beangelnden Gewässers sind.

Finde den bzw. die Fische! Oft sind sie sehr gut an ihre Umgebung angepasst und nicht leicht zu finden …

dort auch ein Fisch aufhält. Viele Fliegenfischer nennen das Ausmachen der Standplätze auch „das Wasser lesen". Wir fischen dann nicht „auf Sicht", sondern „auf Verdacht". Fressen die Fische Insekten von der Oberfläche, ergibt sich eine Zwischenvariante. Wir sehen zwar den Fisch nicht, aber er hinterlässt bei jedem Stieg nach einem Insekt ein klares Indiz für sein Dasein. Diese verräterischen Zeichen über Wasser können ein sich klar abzeichnender Ring auf der Wasseroberfläche, eine Bugwelle oder ein Schwall sein. In stark strömendem Wasser siehst du meist nur Teile des Fisches wie Flossen, Rücken oder den Kopf aus dem Wasser kommen.

In Fließgewässern wählen Fische ihre Standplätze nach drei Kriterien: Energieverbrauch, Deckung und Nahrung. Sie wollen möglichst wenig Energie verbrauchen, da sie diese wieder über die Nahrung aufnehmen müssen. Also stellen sie sich nicht voll in die Strömung, sondern suchen Stellen auf, an denen die Strömung reduziert ist. Das kann vor und hinter Steinen, an umgefallenen Bäumen oder durch Tiefenunterschiede der Fall sein. Auch am Gewässergrund ist die Strömung immer reduziert. Strukturen im Wasser bilden gleichzeitig oft auch Schutz vor natürlichen Feinden wie Reihern, Kormoranen oder Anglern. Außerdem fühlen sich Fische in tiefem oder stark strömendem Wasser sicher. Die meiste Nahrung wird im Fließgewässer mit der Strömung transportiert. Deshalb suchen Fische, wenn sie fressen, oft die Nähe der Hauptströmung. Sie stellen sich nicht dauerhaft in die Hauptströmung, aber für kurze Fressphasen schon. Noch heißer sind aber Strömungskanten zwischen schnellem und langsameren Wasser. Die Fische können energiesparend im ruhigeren Bereich stehen, und wenn etwas Interessantes vorbeikommt, kurz in die Strömung ausscheren und es einsammeln.

In stehenden Gewässern, also Seen, spielt der Energieverbrauch keine Rolle. Also sind Nahrung und Deckung die Auswahlkriterien für die Standplätze der Fische. Deckung finden sie im tiefen Wasser und in Unterwasserstrukturen wie ins Wasser gestürzten Bäumen oder Wasserpflanzenfeldern. Der beste Platz zur Nahrungsaufnahme hängt sehr von der Art der Nahrung ab. Insektenlarven halten sich

Standplätze im Fluss

Standplätze im See

gerne am Grund, in Wasserpflanzen oder freischwimmend im Wasser auf. In ihrer Nähe finden wir auch Kleinfischschwärme, und dann sind auch die Raubfische nicht weit. Die Futterfische ziehen aufgrund von jahreszeitlichen Veränderungen im Gewässer hin und her und die Raubfische folgen ihnen. Immer interessant sind Abbruchkanten vom flachen in tieferes Wasser, Seerosenfelder und Untiefen mitten im See, sogenannte „Barsch-Berge".

RICHTIG SUCHEN

Um Fische zu finden, vergegenwärtige dir die Kriterien, nach denen Fische ihre Standplätze auswählen: Nahrungsangebot, Deckung und Energieverbrauch.

FISCHE FANGEN

Wenn wir die Fische gefunden haben, ist der erste Schritt zum Fangen gemacht. Aber eben erst der erste Schritt. Der nächste ist es, sich zu entscheiden, von wo aus sich der Fisch am besten anfischen lässt. Das hängt einerseits davon ab, wie unsere Umgebung am Gewässer aussieht: Haben wir Bäume und Büsche, die uns das Werfen erschweren? Können wir ins Wasser oder nicht? Es hat aber auch damit zu tun, mit welcher Fliege wir den Fisch anwerfen, denn unser Standort hat einen Einfluss auf die Präsentation der Fliege. Gucken wir uns das mal genauer an.

Die richtige Fliege

Zunächst ist es essenziell, die richtige Fliege auszuwählen. Du solltest erst entscheiden, ob eine Nymphe, Nassfliege, Trockenfliege oder ein Streamer die richtige Wahl ist. Entscheidest du dich für eine der ersten drei Fliegen, solltest du als Nächstes versuchen, herauszufinden, welche Insektenfamilien gerade von den Fischen gefressen werden. Dafür ist es hilfreich, aufmerksam durch die Umwelt zu gehen. Unter Steine zu gucken, die im Wasser liegen, gibt Auskunft darüber, welche Larven sich im Gewässer befinden. Ein Blick ins Gras und auf die Äste der Büsche und Bäume am Gewässer zeigt uns, was die letzten Stunden geschlüpft ist. Aber am besten beobachten wir, was auf der Wasseroberfläche sitzt, denn dann wissen wir, was gerade verfügbar ist.

Zum Einstieg ins Fliegenfischen sollten wir uns mit einer begrenzten Auswahl an Fliegen zufriedengeben. Das erleichtert uns die Fliegenauswahl. Beim Nymphen-Fischen spielt das Fliegenmuster nur eine untergeordnete Rolle, viel wichtiger ist die Präsentation (dazu gleich mehr). Es kommt hauptsächlich auf die Farbe und Größe an. Ich fische in 80% aller Fälle mit der „Pheasant Tail“ (dunkle Nymphe) oder der „Hare's Ear“ (helle Nymphe) in unterschiedlichen Größen. Mit diesen beiden Fliegen kann ich einen Großteil der Insektenlarven, die im Gewässer vorkommen, imitieren, egal, ob Eintags-, Köcher- oder Steinfliege. Wenn beide nicht funktionieren, probiere ich etwas anderes aus. Aber ich habe sehr viel Vertrauen in diese beiden Nymphen und habe mit dieser Strategie sehr gute Erfahrungen gemacht.

Die richtige Auswahl der Fliege fällt manchmal nicht ganz leicht – weniger (in der Dose) ist manchmal mehr!

1

2

1. Klar zu erkennen, was dieser Fisch genommen hat.

2. Mit einem „Woolly Bugger" hat man immer Erfolg.

Anders sieht es beim Trockenfliegenfischen aus. Zwar gilt auch hier, dass die Farbe und Größe der Fliege ungefähr passen sollte, dazu kommt aber noch die Silhouette des auf der Wasseroberfläche treibenden Insekts. Und die unterscheidet sich doch beachtlich bei den unterschiedlichen Insektenarten. Eintagsfliegen sitzen mit aufgestellten Flügeln auf dem Wasser, während Köcherfliegen ihre Flügel dachartig über ihren Körper falten. Du benötigst also ein Muster für Eintagsfliegen. Das wohl bekannteste ist die „Adams". Als Muster für eine Köcherfliege kann ich die „Rehhaar Caddis" empfehlen. Ein gutes Muster für die Steinfliegenimitation ist der „Stimulator". Eigentlich brauchst du noch jeweils eines für jede weitere Insektenart, die auf dem Wasser landen kann, aber die können nach und nach dazukommen.

Bei der Auswahl von Streamern solltest du dich vor allem nach der Wassertrübung und den Lichtverhältnissen richten. In trübem Wasser und bei be-

decktem Himmel verwende ich eher auffällige Farben und viel Glitzermaterial. Bei klarem Wasser und Sonnenschein bevorzuge ich gedeckte Farben und ganz wenig Glitzermaterial. Meine erste Wahl beim Streamer-Fischen (außer auf Hecht) ist immer ein „Woolly Bugger“. Mit ihm habe ich schon fast alle Raubfischarten gefangen, vom Barsch über Forellen bis hin zum Lachs. Haben wir die richtige Fliege ausgewählt, sollten wir uns überlegen, wie wir sie dem Fisch richtig anbieten.

Präsentationstechniken

Jeder Fliegentyp imitiert etwas anderes und hat seine Besonderheiten, wenn wir sie einem Fisch anbieten. Es gibt aber auch Gemeinsamkeiten: So können wir alle Fliegen in Fließgewässern stromauf oder stromab, bewegungslos oder bewegt und auf Verdacht oder auf Sicht präsentieren. Bei den unterschiedlichen Fliegentypen machen nur unterschiedliche Dinge Sinn und sind erfolgreicher oder einfacher als andere Wege, die Fliege anzubieten.

SCHAU HIN

Um die richtige Fliege auszuwählen, ist es hilfreich, aufmerksam die Umwelt zu beobachten.

1

Fischst du mit der Nymphe, die eine Insektenlarve imitiert, kommt es vor allem darauf an, sie möglichst naturgetreu anzubieten. Das heißt, die Nymphe sollte in der Regel bewegungslos abtreiben. Dies erreichst du dadurch, dass du sie stromauf wirfst und auf dich zutreiben lässt. Die große Herausforderung dabei ist die Schnurkontrolle. Du musst die auf dich zutreibende Schnur im gleichen Tempo wie sie treibt einziehen, um bei einem Biss sofort reagieren zu können. Die Bisserkennung erfolgt dabei über die im Kapitel Ausrüstung vorgestellten Bissanzeiger. Außerdem ist die Tiefe wichtig, in der du deine Fliege anbietest. Fische, die am Grund stehen, bewegen sich meistens nicht übermäßig weit, um Nahrung aufzunehmen, deshalb musst du ihnen die Nymphe direkt vors Maul servieren.

Um auf eine bestimmte Tiefe zu kommen, solltest du das Gewicht der Nymphe richtig wählen und sie entsprechend weit oberhalb des Standplatzes des Fisches ablegen, um der Nymphe ausreichend Zeit zu geben, auf die gewünschte Wassertiefe abzusinken. Fressen die Fische aufsteigende Larven im Mittelwasser oder direkt unter der Oberfläche und fischst du stromauf, sollte deine Nymphe unbeschwert sein. Noch effektiver ist es aber, dich oberhalb des Standplatzes des Fisches zu platzieren. Eine beschwerte Nymphe legst du so weit oberhalb des Fisches ab, dass sie bis zum Grund absinken kann, und lässt sie, wenn sie im Sichtbereich des Fisches ist, aufsteigen, indem du die Rute hebst oder über die Strömung Zug auf die Wurfschnur kommt.

Ähnlich fischen wir auch mit der Nassfliege, die in den meisten Fällen eine aufsteigende Insektenlarve imitiert. Wir werfen sie schräg stromab Richtung anderes Ufer und lassen sie, da-

2

3

durch dass die Strömung auf unsere auf dem Wasser liegende Wurfschnur drückt, auf unsere Uferseite zu treiben. Der Biss äußert sich in einem sanften bis heftigen Ruck in der Schnur, wenn der Fisch sich die Fliege schnappt und wieder zu seinem Standplatz abdreht. Hin und wieder fischt man Nassfliegen auch als versunkenes Insekt oder Spinnenimitation. Dann ist eine Präsentation stromauf am sinnvollsten, um die Fliege bewegungslos anzubieten. Die einfachste Variante, eine Trockenfliege anzubieten, ist wieder stromauf. Dann kannst du sie auf dich zutreiben lassen und musst nur darauf achten, dass du die lose Schnur aufnimmst, damit du im Falle eines Bisses den Anhieb richtig setzen kannst.
Die Bisserkennung ist vergleichsweise einfach. Der Fisch durchbricht die Wasseroberfläche, um sich deine Fliege einzuverleiben. Natürlich kannst du deine Trockenfliege auch querüber oder stromab präsentieren, aber es ist dann deutlich schwieriger, eine bewegungslose Drift der Fliege hinzubekommen. Und das ist in der Regel das, was wir wollen. Beim Präsentieren der Trockenfliege haben wir relativ kurze Driften, aber wenn wir den genauen Standplatz des Fisches kennen, muss das nicht von Nachteil sein. Beim Präsentieren der Trockenfliege stromab fängt sie schnell an zu „dreggen“. So bezeichnen Fliegenfischer den Vorgang, wenn die Trockenfliege über das Wasser gezogen wird, wobei eine kleine Bugwelle entsteht. Hin und wieder sieht man Köcherfliegen über das Wasser laufen, um nach dem Schlüpfen schnell ans Ufer zu gelangen. Dann kann eine dreggende Köcherfliegenimitation sehr fängig sein. Ansonsten versuchen wir, das Dreggen zu vermeiden. Beim Präsentieren der Trockenfliege stromab lässt sich es nur durch Nachfüttern der Schnur vermeiden

1. Mit der Nymphe stromauf

2. Mit der Nymphe stromab

3. Diese Bachforelle hat große Eintagsfliegen von der Wasseroberfläche gefressen.

AUF UND AB

Nymphen und Trockenfliegen präsentierst du am besten stromauf. Nassfliegen und Streamer fischen sich am einfachsten stromab.

und du wirst sehen, dass das nicht ganz einfach ist.

Streamer sollten immer bewegt angeboten werden. Einerseits sind die Nährtiere, die wir mit Streamern imitieren, wie zum Beispiel kleine Fische, aktive Schwimmer, andererseits spielen die Materialien, aus denen unsere Streamer bestehen, viel besser im Wasser, wenn sie sich bewegen. In der Regel fische ich meinen Streamer stromab und lasse ihn einfach rumtreiben. Dabei hauche ich ihm durch kleine Züge an der Schnur manchmal zusätzliche Bewegung ein.

In langsam fließenden Gewässern hole ich meinen Streamer mit kurzen bis langen Zügen ein, je nach Situation. Das sogenannte Einstrippen funktioniert am besten, indem du die Schnur zwischen Rutengriff und Zeige- oder Mittelfinger der Rutenhand durchlaufen lässt und mit der Schnurhand einholst. Bekommst du einen Biss, fixierst du die Schnur mit dem Zeige- oder Mittelfinger der Rutenhand am Griff und haust an. Sehr selten lasse ich beim Fischen auf Sicht Streamer bewegungslos abtreiben. Das ist aber wirklich die Ausnahme.

In stehenden Gewässern werden Nymphen, Nassfliegen und Streamer immer bewegt gefischt, also mit dem Fliegentyp angepassten Zügen eingeholt. Nymphen und Nassfliegen werden mit kurzen, langsamen Zügen eingestrippt, während du beim Streamer-Fischen variieren kannst. Trockenfliegen werden an vermutete Standplätze oder in antizipierte Schwimmbahnen von Fischen ausgeworfen und bis zum Biss einfach liegengelassen. Oder man haucht ihnen durch ganz kleine, vorsichtige Züge oder Bewegungen mit der Rutenspitze ein wenig Leben ein.

Hecht-Streamer im Wasser

Der Anhieb

Wenn wir soweit sind, haben wir schon viel richtig gemacht. Wir haben ein gutes Gewässer ausgewählt, (mindestens) einen Fisch gefunden, die richtige Fliege angebunden und sie auch noch so präsentiert, dass der Fisch sie für ein echtes Insekt oder ein anderes Nährtier gehalten hat. Aber es kann immer noch schiefgehen, denn noch sitzt der Haken nicht im Fischmaul …

Beim Fischen mit den einzelnen Fliegentypen ist der Anhieb jeweils ein wenig anders. Beim Fischen mit der Trockenfliege müssen wir dem Fisch genügend Zeit geben, um die Fliege richtig ins Maul zu nehmen und damit abzutauchen, bevor wir den Anhieb setzen. Es kommt bei Einsteigern ins Fliegenfischen oft vor, dass sie auf den optischen Reiz „Fisch durchbricht die Wasseroberfläche“ mit einem Anhieb reagieren. Dabei ziehen sie dem Fisch die Fliege vor der Nase weg bzw. aus dessen Maul, bevor er es schließen und mit seiner Beute abtauchen kann.

Also: Nach dem Biss (Fisch schnappt sich die Trockenfliege von der Oberfläche) kurz warten, 21,22 zählen oder wie die Engländer „God save the Queen“ sagen und erst dann den Anhieb setzen.

Beim Nymphen-Fischen mit dem Bissanzeiger ist es das komplette Gegenteil. Wir hauen sofort an, sobald unser Bissanzeiger etwas anderes macht als gleichmäßig abzutreiben, also zum Bei-

RICHTIG ANHAUEN

Den Anhieb setzen wir beim Fischen mit der Nymphe sofort, beim Fischen mit der Trockenfliege verzögert.

Unser Motto am Anfang: Keep it simple!

Der Anhieb hat gesessen und die Rute ist krumm.

spiel stehen bleibt oder abtaucht. Wir müssen uns vergegenwärtigen, dass sich zwischen Nymphe und Bissanzeiger ein längeres Stück Vorfach befindet. Nimmt ein Fisch unsere Nymphe ins Maul, reagiert der Bissanzeiger nicht sofort, sondern durch das nicht immer komplett gestreckte Vorfach verzögert. Der Fisch hat unsere Nymphe aber oft nur ganz kurz im Maul, bis er merkt, dass etwas nicht stimmt. Lassen wir nun zu viel Zeit nach dem Biss verstreichen und reagieren nicht sofort auf eine Bewegung des Bissanzeigers, spuckt er die Nymphe einfach wieder aus.

Beim Fischen mit der Nymphe stromab oder im See, mit der Nassfliege oder dem Streamer haken sich die Fische oft selbst, da die Schur gespannt ist. Du solltest aber trotzdem einen Anhieb setzen, um den Haken richtig im Fischmaul zu verankern.

Beim feinen Fischen auf Forellen und Äschen fällt er eher vorsichtig aus, während wir beim Hecht ordentlich Kraft einsetzen, um den Haken im harten Hechtmaul zu verankern. Gerade beim Fischen mit dünnem Vorfach ist Vorsicht geboten, damit du nicht schon beim Anhieb das Vorfach sprengst.

In schwierigen Situationen oder bei großen Fischen ist es hilfreich, jemanden zu haben, der für einen keschert.

Der Drill

Endlich ist der Fisch am Band, doch nicht zu früh freuen, noch ist er nicht im Kescher. Und er hat beim Fliegenfischen eine reelle Chance, sich noch von dem Haken zu befreien. Denn wir fischen meistens mit relativ kleinen Einzelhaken und diese sind, um den Fisch zu schonen, oft auch widerhakenlos. Grundsätzlich ist der Drill beim Fliegenfischen nicht so viel anders als bei anderen Angelmethoden. Der große Unterschied ist, dass wir die Schnur häufig mit der Hand bedienen und nicht mit der Rolle einkurbeln. Dies tun wir nur bei großen Fischen, denn dann wollen wir auch, dass unsere Bremse vernünftig arbeiten kann. Sie reagiert schneller auf Fluchten des Fisches als wir es mit der Hand können. Bei kleineren Fischen klemmen wir die Schnur zwischen Griff und Zeige- oder Mittelfinger ein und ziehen sie mit der Schnurhand ein. Beim nächsten Wurf müssen wir nicht wieder die komplette Schnur von der Rolle ziehen, sondern können nach dem Abhaken des Fisches direkt weiterfischen. Drillen wir doch über die Rolle, heißt es, die lose Schnur so schnell wie möglich auf die Rolle kurbeln, damit sich nichts verfangen kann.

IN DER KÜRZE

Den Drill so kurz wie möglich halten. Das schont den Fisch und reduziert die Gefahr, ihn zu verlieren.

Entscheidend ist, wie bei allen Angelmethoden, dass während des Drills die Schnur die ganze Zeit auf Spannung gehalten wird. So kann der Fisch den Haken nicht einfach aus dem Maul schütteln. Außerdem solltest du die Rute immer hoch halten, da der Fisch dann gegen die Rute arbeiten muss und wir ihn besser um Hindernisse im Wasser herummanövrieren können. Auch beim Drill ist wieder Vorsicht geboten, wenn du mit einem dünnen Vorfach fischst. Es ist wichtig, nicht zu viel Druck auszuüben und den Fisch lieber ein paar Meter Schnur nehmen zu lassen. Wenn du diese Dinge beachtest, sollte eigentlich nichts schiefgehen und es heißt schon bald: Geschafft, der Fisch ist im Kescher! Glückwunsch zu deinem ersten Fisch mit der Fliege!

UMGANG MIT FISCHEN, NATURSCHUTZ UND NACHHALTIGKEIT

Wie geht's jetzt weiter? Im besten Fall hast du dir das schon vorher überlegt. Willst, darfst oder musst du den Fisch mitnehmen? In Deutschland ist es laut Tierschutzgesetz nicht erlaubt, einem Lebewesen ohne triftigen Grund Leiden zuzufügen. Beim Angeln ist dieser triftige Grund der Nahrungserwerb. Das Gesetz wird zurzeit so ausgelegt, dass man also nur Angeln darf, wenn man auch das Ziel hat, einen Fisch zur Verwertung zu entnehmen. Das ist etwas, was du wissen solltest, damit du keine Probleme mit den Behörden bekommst.
In vielen anderen Ländern gibt es andere Regelungen. In England und den USA wird Fischen als Sport betrachtet

Vorsicht beim Lösen des Hakens aus dem Hechtmaul. Die Jungs und Mädels haben scharfe Zähne.

und Wettkämpfe (in Deutschland verboten) sind dort vollkommen legitim. Das Zurücksetzten von Fischen, die eine Größe über dem Schonmaß und keine Schonzeit haben, ist dort und in vielen anderen Ländern ausdrücklich erwünscht, während es in Deutschland verboten ist. Es gibt deutlich flexiblere und nachhaltigere Lösungen als ein momentan abgeleitetes, aber keinesfalls im Gesetz stehendes „Catch & Release"-Verbot wie in Deutschland. Ein Beispiel, das auch in Deutschland immer mehr Beachtung findet, ist das Entnahmefenster. Dabei dürfen Fische in einem bestimmten Größenbereich (zum Beispiel Forellen zwischen 30 und 40 cm) entnommen werden. Die kleineren und größeren Fische sind als Zukunftsfische bzw. Laichfische geschont. Hier gibt es sicher Diskussionsbedarf und Entwicklungspotenzial. Und wir können hoffen, dass sich in Zukunft etwas tut.

Hast du nun eine Entscheidung getroffen, was du mit dem gefangenen Fisch tun willst, gibt es ein paar Dinge, die du beachten solltest. Fasse niemals einen Fisch, der zurückgesetzt werden soll oder muss, mit trockenen Händen an, da das die Schleimhaut beschädigt und zu Pilzbefall und schlussendlich zum Tod des Fisches führen kann. Mache immer die Hände nass, bevor du den Fisch anfasst. Außerdem sollte der

Hindernisse am Wasser, wie zum Beispiel Bäume, erschweren das Werfen.

CATCH & RELEASE

Überlege dir schon vor der Landung, ob du den Fisch mitnehmen oder zurücksetzen willst, darfst oder musst.

Sehr klares Wasser erfordert besondere Vorsicht.

Fisch so kurz wie möglich, am besten gar nicht, aus dem Wasser genommen werden. Gerade Salmoniden reagieren sehr empfindlich darauf. Falls ein Foto vom lebendigen Fisch gemacht werden soll, am besten den Fisch dabei im Wasser halten oder nur ganz kurz aus dem Wasser heben. Nimmst du den Fisch mit, wird er nach der Landung durch einen Schlag auf den Kopf betäubt und durch einen Herzstich oder Kiemenschnitt getötet.

Ein kurzes Plädoyer noch zu der Menge an entnommenen Fischen: Nimm immer nur soviel Fisch mit, wie du in einem absehbaren Zeitraum verwerten kannst. Hinterlasse das Gewässer immer so, wie du es gerne vorgefunden hättest, damit auch zukünftige Generationen noch etwas davon haben.

HERAUSFORDERUNGEN AM WASSER

Zum Abschluss gucken wir uns noch ein paar Herausforderungen an, die dir beim Fliegenfischen begegnen werden. Wir haben schon an der einen oder anderen Stelle gesehen, dass Bäume und Büsche am Gewässer uns das Leben beim Werfen erschweren können. Wenn du erst einmal am Wasser bist, wird sich dieser Eindruck noch verstärken. Auch andere natürliche Hindernisse wie erhöhte Ufer machen das Werfen nicht leichter, aber wir müssen sie akzeptieren. Im besten Fall nutzen wir sie zu unserem Vorteil. Ein Baum kann zum Beispiel als Deckung beim Anpirschen an einen Fisch dienen. Ein erhöhtes Ufer ist gut, um die Fische im Wasser besser ausmachen zu können.

Der Wind ist auch nicht gerade unser bester Freund. Wenn du die Möglichkeit hast, platziere dich so am Gewässer, dass deine unbenutzte Schulter (bei Rechtshändern also die linke Schulter) direkt in den Wind zeigt. Der Wind drückt dir die Schnur dann weg vom Körper und du musst weder beim Vor- noch beim Rückschwung direkt gegen ihn arbeiten. Oft ist dies natürlich nicht möglich, aber es lässt sich immer eine Position finden, die besser funktioniert als eine andere.
An sehr klaren Gewässern müssen wir uns entsprechend verhalten. Klares Wasser bedeutet, dass die Fische uns genauso gut sehen können wie wir sie. Wenn wir also den Hampelmann am Ufer machen, können wir sicher sein, dass alle Fische weg sind. Wir sollten unsere Körpersilhouette möglichst klein halten, uns langsam und vorsichtig am und im Wasser bewegen und den Sonnenstand beachten, so dass unser Schatten nicht aufs Wasser fällt. Auch die Anzahl der Leerwürfe sollten wir minimieren.
Zu guter Letzt ein paar Worte zur Schnurhandhabung: Daran, dass die Schnur viel mit der Hand bedient wird und wir mit loser Schnur arbeiten, muss man sich erst einmal gewöhnen. Ständig bleibt sie im Grass oder an Ästen hängen, wird von der Strömung ergriffen oder wickelt sich um den eigenen Fuß. Mein Tipp: Nicht aus der Ruhe bringen lassen. Es wird mit der Zeit definitiv besser!

COOL BLEIBEN

Immer entspannt bleiben! Egal, ob die Schnur sich verfängt, die Fliege abreißt oder wir den Fisch unseres Lebens verlieren – es bringt nichts, die Rute zu zerbrechen ...

Schnurkontrolle ist das A und O beim Fliegenfischen.

FLIEGEN-FISCHEN-GEWÄSSER IN DEUTSCHLAND

1. Brotzeit in der Fränkischen Schweiz

2. Auch in Deutschland gibt es viele gute Plätze zum Fischen.

In der Heimat

Natürlich ist es schön, durch die Welt zu reisen und an den entlegensten Plätzen dieser Erde zu fischen: Dicke Bachforellen in Neuseeland, Bonefish und GT auf den Seychellen oder gigantische Regenbogenforellen in Argentinien. Alles ganz großartig!

Aber seien wir mal ehrlich: wer kann das schon regelmäßig machen? Wenn man Glück hat, schafft man es ein- oder zweimal im Jahr. Wir haben aber auch in Deutschland einige ganz besondere Gewässer, die einen Besuch wert sind! Und das Schöne ist, wir müssen nicht Ewigkeiten durch die Welt reisen und Tausende von Euros ausgeben, sondern sind in ein paar Stunden da und können so auch einmal nur für ein Wochenende raus ans Wasser. Dies hier sind meine Highlights. Es gibt sicher noch andere schöne Ecken, aber man muss eben eine Auswahl treffen.

DIE FRÄNKISCHE SCHWEIZ

Die Fränkische Schweiz mit ihren abwechslungsreichen Flüssen und Bächen gehört mit Sicherheit zu den schönsten Fliegenfischen-Regionen in Deutschland. Und die Wiesent zählt aufgrund ihrer starken Maifliegenschlüpfe zu den bekanntesten Fliegenfischer-Gewässern Deutschlands. Dass es in der Fränkischen Schweiz aber weitere traumhafte Flüsse und Bäche gibt, war bisher ein gut gehütetes Geheimnis.

Die Wiesent ist in viele unterschiedliche Abschnitte eingeteilt, für die in der Regel unterschiedliche Eigentümer oder Pächter das Fischereirecht haben. Die einzelnen Abschnitte sind sehr unterschiedlich strukturiert. Im Oberlauf ist die Wiesent ein kleiner, schnellfließender, stark strukturierter Wiesenbach. Je weiter man sich von der Quelle entfernt, umso mehr Wasser führt sie und auch die Struktur ändert sich. Breite, langsam fließende Abschnitte wechseln sich dann mit schnelleren Passagen ab. Wie gemacht für das Fischen mit der Trockenfliege. Zudem fließen eine ganze Reihe toller Neben-

Video zum Fischen in der Fränkischen Schweiz – Link: https://youtu.be/dkVf_uSckjO)

1

2

1. Angeln am Bodden auf Rügen

2. Am Bodden stapeln sich die Hechte nahezu.

bäche mit teilweise glasklarem Wasser in die Wiesent. Auch hier kann gefischt werden und an guten Tagen (mit viel Licht und klarem Wasser) ist hier das Fischen auf Sicht möglich.
An Lizenzen zu kommen, ist teilweise relativ schwierig. Sie sind oft gebunden an Übernachtungen in bestimmten Hotels und für Stammgäste reserviert. Die Maifliegenzeit ist mit Abstand am beliebtesten, denn dann ist es möglich, große Fische mit der Trockenfliege zu fangen. Aber auch die anderen Jahreszeiten sind nicht zu unterschätzen. Im Frühjahr hat man mit Nymphe und Streamer die Chance auf richtig kapitale Bachforellen. Im Herbst kann man mit Nymphe und Trockenfliege schöne Stunden auf Äschen erleben. Durch die unterschiedlichen Gewässer und dadurch, dass alle Methoden möglich sind, ist für jeden etwas dabei. Auch Einsteiger fangen hier ihren Fisch!

DIE BODDEN AUF RÜGEN

Das Fliegenfischen am Bodden zählt nicht gerade zu den klassischen Arten des Fliegenfischens, es ist aber absolut empfehlenswert!
Es wird viel mit Gummifischen oder anderen Spinnködern gefischt. Doch die Fliege hat beim Fischen auf Hechte, wie weiter oben schon erwähnt, gegenüber anderen Ködern einige Vorteile. Die meisten Hechte haben noch nicht viele Streamer gesehen und mit der Fliege ist man wahnsinnig flexibel. Ob langsam oder schnell geführt, flach oder tief oder in sehr verkrauteten Gewässern – mit der Fliege ist alles kein Problem! Und genau deshalb gewinnt das Fliegenfischen auf Hecht zunehmend neue Anhänger, nicht nur unter eingefleischten Fliegenfischern, sondern auch bei vielen interessierten Spinnfischern.

Das Besondere am Bodden ist vor allem der Salzgehalt des Wassers. Im Süß- wie auch im Salzwasser unterscheidet sich der Salzgehalt des Wassers von dem Salzgehalt im Fischkörper. Der Fisch muss also Energie aufwenden, um den Salzgehalt in seinem Körper konstant zu halten. Im Bodden haben wir Brackwasser, also eine Mischung zwischen Süß- und Salzwasser. Der Salzgehalt ist hier nahezu genau so wie im Körper der Hechte. Aufgrund des optimalen Salzgehaltes im Wasser und des großen Nahrungsangebots werden die Bodden-Hechte sehr schnell sehr groß! Fische über einem Meter sind natürlich immer noch etwas Besonderes, aber definitiv keine Seltenheit! Außerdem schmecken die Jungs und Mädels auch noch super, viel mehr nach einem Salzwasser- als nach einem Süßwasserfisch. Als kleine Zugabe gibt's jede Menge Barsche und im Frühjahr und Sommer lassen die Hornhechte das Wasser kochen.
Gefischt wird watend in den ufernahen Flachwasserbereichen und den Übergängen zum tieferen Wasser. Gerade im Frühjahr nach der Laichzeit stapeln sich dort die Hechte. Man sollte aber wissen, wo die Hotspots sind, und mit dem breiten Nahrungsspektrum am Bodden vertraut sein, denn auch hier springt der Hecht nicht von alleine an den Haken. Die Auswahl der richtigen Fliege in den verschiedenen Bedingungen ist oft entscheidend. Außerdem sollte man unterschiedliche Techniken der Köderführung kennen. Weite Würfe können zwar von Vorteil sein, sind aber für einen Fangerfolg keinesfalls notwendig. Wir haben schon häufig Hechte direkt vor unseren Füßen gefangen. Gerade im Frühjahr passiert dies sehr oft.

Stärkung am Mittag

DAS ELBSANDSTEINGEBIRGE

Das Elbsandsteingebirge liegt in der Nähe der deutsch-tschechischen Grenze, circa eine dreiviertel Autostunde von Dresden entfernt. Jedes Mal, wenn wir aus dem Elbtal in die Nebentäler des Elbsandsteingebirges abbiegen, erfasst uns ein Gefühl von Wildnis, das selten geworden ist in Deutschland. Steile Felshänge auf beiden Seiten des Tals, dichter, undurchdringlicher Wald und Flüsse, die noch ihrem natürlichen Lauf folgen können. Und das hat nicht nur positiven Einfluss auf die landschaftliche Schönheit der Täler, sondern auch auf die Fischerei! Die abwechslungsreiche Struktur der Gewässer bietet mit großen Steinen, langen Rauschen und tiefen Pools jede Menge Verstecke für seine Bewohner.

Video zum Fliegenfischen am Bodden – Link: https://youtu.be/VuZ8eWPByng

1. Leckeres Essen nach einem erfolgreichen Angeltag

2. Eindruck vom Elbsandsteingebirge

Die Forellen und Äschen in den Flüssen des Elbsandsteingebirges werden zwar keine Riesen, dafür kommen sie in sehr großer Anzahl vor. Somit eignet sich das Fliegenfischen im Elbsandsteingebirge perfekt für alle Einsteiger. Es gibt eine Vielzahl von Bächen und kleinen Flüssen, die alle in die Elbe münden. Hier lassen sich die Fische auf unterschiedlichste Weise überlisten: egal, ob Streamer, Trocken- und Nassfliege oder Nymphe. Der Fisch fängt alles. In einigen wenigen Bächen steigen sogar wieder Lachse auf, doch die Bestände sind noch so gering, dass eine Befischung keinen Sinn macht. Anders sieht es bei den Barben aus, die, wenn die Wasserstände geeignet sind, aus der Elbe in die Nebenflüsse ziehen.

MEERFORELLEN-FISCHEN AN DER OSTSEE

Das Fliegenfischen auf Meerforellen hat einen mystischen Ruf. Bis zum Bauchnabel in der Ostsee stehend, bei jedem Wind und Wetter, legt man einen Wurf nach dem anderen auf's Wasser und strippt unermüdlich seine Fliege ein. Stundenlang passiert nichts, bis zu dem einen magischen Moment: Ein Zug an der Leine, Anhieb und der Kampf beginnt ... Nicht umsonst gilt die Meerforelle als der „Fisch der tausend Würfe". Das klingt erst einmal nach ganz schön hartem Tobak, aber mit der entsprechenden Ortskenntnis (dafür eventuell einen Guide buchen), dauert es oft gar nicht lange, bis deine erste Meerforelle im Kescher zappelt. Die Ostsee ist groß und es gibt eine Vielzahl guter Reviere: Rügen ist bekannt für seine großen Meerforellen, aber nicht ganz leicht zu fischen. Um Rostock gibt es ein paar tolle Meerforellen-Spots, die relativ leicht zugänglich sind. Die meisten Leute fischen aber in Schleswig-Holstein. In der Lübecker oder Kieler Bucht und natürlich der Flensburger Förde gibt es viele schöne Fische. Etwas weiter nördlich ist da noch Dänemark, das Mekka der Meerforellen-Fischerei. Egal, wo du auf Meerforellen-Jagd gehst, du solltest dich vorher mit dem breiten Nahrungsspektrum und den verschiedenen Jagdrevieren der Meer-

Video zum Fliegenfischen auf Meerforelle – Link: https://youtu.be/v8v8dBxhy6c

forelle vertraut gemacht haben (mehr dazu in Kapitel 6.1.2.). Das erleichtert dir die Fliegen- und die Spotwahl. Auch als Einsteiger kannst du dich ruhig an die Meerforelle ranwagen. Nur erwarte nicht am ersten Tag gleich den ersten Fisch. Weite Würfe können zwar von Vorteil sein, sind aber für deinen Fangerfolg nicht zwingend notwendig. Wir haben schon häufig Meerforellen in knietiefem Wasser, nur wenige Meter vom Strand entfernt, gefangen. Mit der Zeit wirst du herausfinden, unter welchen Bedingungen es Sinn macht, an einer Stelle zu angeln, und ab wann du den Spot am besten wechseln solltest. Auch welches die fängigsten Meerforellen-Fliegen an einem Spot sind, wirst du, genau wie verschiedene Techniken der Köderführung, nach und nach erlernen. Nur Geduld musst du von Anfang an mitbringen.

DER THÜRINGER WALD

Der Thüringer Wald liegt im Herzen Deutschlands und ist eigentlich aus jedem Teil der Republik in einer passablen Zeit zu erreichen. Auf der Internetseite des Tourismusverbandes heißt es sehr treffend: „Dort, wo sich Fuchs und Hase noch Gute Nacht sagen." Überlaufen ist es dort ganz sicher nicht, ein perfekter Ort, um einmal ein paar Tage abzuschalten.
Gefischt wird an der Saale und ihren Nebenflüssen. Die Saale ist mit 413 km Länge nach der Moldau der zweitlängste Nebenfluss der Elbe und bietet somit eine fast unendliche Zahl an Möglichkeiten zum Fliegenfischen. Da die Saale staureguliert ist, was für alle Wanderfischarten nicht so toll ist, führt sie das ganze Jahr über genügend Wasser und hat auch relativ konstante Wassertemperaturen. Zwei der vielen

1

2

3

1. An der Ostsee gibt es viele gute Meerforellen-Reviere.

2. An der Ostsee gibt es viele Angelplätze. Um die Auswahl zu erleichtern, sollte man sich vorher gut über die verschiedenen Jagdreviere der Meerforelle informiert haben.

3. Mit Geduld fängst du auch als Anfänger einen Fisch.

Video zum Fliegenfischen in Thüringen – Link: https://youtu.be/LD98d28lXPQ

traumhaften Nebenflüsse der Saale sind die Schwarza und die Ilm. Neben der Saale sicher die bekanntesten Flüsse in Thüringen, aber es gibt noch eine ganze Reihe anderer Perlen.
Das Insektenaufkommen ist großartig: von Eintags- über Köcher- bis hin zur Steinfliege kommt alles in den Flüssen und Bächen Thüringens vor. Und auch in Sachen Fisch ist die Vielseitigkeit beeindruckend.
Es ist nicht selten, dass beim Fliegenfischen in Thüringen an einem Tag Bachforellen, Regenbogenforellen, Äschen und sogar der ein oder andere Bachsaibling gefangen werden.

URBAN FLY FISHING

Angeln in der Stadt, okay, das könnte noch gehen. Aber Fliegenfischen in Berlin? Das hört sich für viele erst einmal skurril an. Doch es ist möglich und bietet eine nette Abwechslung zum stressigen Alltag der Hauptstädter oder zum Sightseeing der Großstadtbesucher. Wer Entspannung und Ruhe in der Natur sucht, ist hier natürlich fehl am Platz. Man muss damit klar-

1. Eindruck vom Thüringer Wald

2. Auch in der Stadt ist Fliegenfischen möglich.

3. In Berlin tümmeln sich die Fische an den unterschiedlichsten Spots.

1

kommen, dass LKWs oder die S-Bahn über die Brücke donnern, unter der man steht, und auch einmal ein benutztes Kondom vorbeitreibt. Aber wenn man sich darauf einlässt, bietet sich einem beim Fliegenfischen in Berlin eine komplett neue Perspektive auf die Stadt.

Wir sind teilweise an den abgefahrensten Locations in Berlin unterwegs und die Fischerei ist durchaus abwechslungsreich: an Spundwänden entlang auf Brassen, in rauschender Strömung auf Rapfen oder direkt neben den Szenebars auf Barsche. Mein Lieblingsspot ist in Kreuzberg direkt gegenüber von einem Club.

Morgens um 6 Uhr sammeln sich manchmal zwanzig bis dreißig durchgefeierte Leute auf der Brücken, und fragen sich, ob ihnen jemand etwas in den Drink gemixt hat. Dann gibt's auch mal Szenenapplaus, wenn man einen Fisch gefangen hat. Je nach Jahreszeit lassen sich darüber hinaus auch Alande, Hechte und weitere Arten gezielt mit der Fliege befischen. Einfach einmal ausprobieren!

Video zum Fliegenfischen in der Stadt – Link: https://youtu.be/IVmvoraNhhU

2

3

1. Ein Fisch hat die Trockenfliege genommen – jetzt bloß nicht zu früh anhauen!

2. Schau gerne einmal bei der Fly Fishing Film Tour vorbei.

Ab ans Wasser!

Du hast jetzt alles, was du für den Einstieg ins Fliegenfischen brauchst, auf den vorherigen Seiten gelernt: Du weißt, wie das Werfen beim Fliegenfischen funktioniert.

Du kennst unterschiedliche Insekten und die unterschiedlichen Fliegentypen und weißt, wie und wann du sie einsetzen kannst. Du hast einen Überblick über die Ausrüstung, die du für den Einstieg ins Fliegenfischen brauchst, und weißt, welche Fische du wie mit der Fliege beangeln kannst. Außerdem hast du eine Ahnung davon, wie du Fische findest und sie an den Haken bekommst. Auch wie du dich im Drill richtig verhältst und mit den Fischen umgehen solltest, weißt du jetzt.
Natürlich kann man bei jedem Thema noch weiter ins Detail gehen, aber dieses Spezialwissen brauchen wir für den Anfang nicht. „Keep it simple!" ist eher unser Motto. Alles Weitere kannst du dir nach und nach aneignen. Jetzt heißt es, die ersten Schritte am Wasser machen. Es gibt jede Menge Wasser in Deutschland, sicher auch vor deiner Haustür. Nicht lange fackeln, einfach einmal die Rute schnappen und loslegen!
Wenn du doch mal praktische Hilfe brauchst, komm doch mit auf eine der FLYRUS-Fliegenfischen-Touren. Wir sind regelmäßig an den unterschiedlichsten Orten in ganz Deutschland unterwegs. Da findet sich bestimmt auch etwas in deiner Nähe (www.flyrus.de).
Außerdem freuen wir uns immer, wenn du uns ein Foto von deinem ersten Fisch mit der Fliege schickst (an fisch@flyrus.de).
Ich hoffe, dass dir unsere Videos gefallen haben. Es werden in Zukunft noch mehr informative Videos in der KOSMOS-Plus-App folgen und viele weitere unterhaltsame Videos auf dem FLYRUS-YouTube-Kanal. Und wenn du einmal Filme übers Fliegenfischen auf großer Leinwand sehen willst, komm doch zur Fly Fishing Film Tour (https://flyfilmtour.com/home/de). Jeden Winter touren wir mit dem Festival durch Deutschland und sind bestimmt auch in deiner Nähe!
Jetzt noch ein letzter heißer Tipp: Nimm nicht alles so ernst! Fliegenfischen ist zwar das schönste Hobby der Welt, aber es geht nicht um Leben und Tod – es bleibt Fischen. Wir wollen ein paar nette Stunden in der Natur verbringen und uns entspannen. Wenn es mal nicht so läuft mit dem Werfen oder dem Fischefangen, ärgere dich nicht gleich. Auch einmal über sich lachen und die Geduld nicht verlieren. Irgendwann wird der nächste Fisch beißen und jeder kann der Fisch deines Lebens sein. So, jetzt genug gequatscht: Ab mit dir ans Wasser!

Über den Autor

Ich fische seit dem ich Denken kann. Eigentlich habe ich schon gefischt, als ich noch nicht richtig denken konnte. Der erste Fisch, an den ich mich erinnere, war ein stinkiger Brassen aus einem Loch, das eher den Charakter einer Pfütze denn eines Sees hatte. Und trotzdem war ich stolz wie Oskar und die Fischsuppe, die meine Oma aus diesem begrenzt edlen Speisefisch gezaubert hat, war eines der kulinarischen Highlights meiner Kindheit.
In der Folge stellte ich Aal, Hecht, Dorsch und allem anderem was Flossen besitzt auf alle erdenklichen Arten nach. Bis ich schließlich mit 18 eine Fliegenrute in die Hände bekam. Seit dem fische ich vornehmlich mit der Fliege und am liebsten auf Forellen, aber auch alle anderen Flossenträger sind weiterhin nicht vor mir sicher. Und dabei treibt mich meine Suche nach dem perfekten Fisch immer wieder in die Welt hinaus. In Schweden fischte ich auf arktische Saiblinge und fette Seeforellen, in Neuseeland auf riesige Bach- und Regenbogenforellen, in Norwegen auf atlantische Lachse und in Nordamerika auf Steelheads und Pazifiklachse. Und meine Suche ist noch lange nicht zu Ende!
Nach einem abgeschlossen Studium in Soziologie, Politik und Geschichte, das mir vor allem ermöglichte in Neuseeland, Skandinavien und Nordamerika zu fischen, bin ich jetzt wieder da wo ich hingehöre: Am und im Wasser!

BILDNACHWEIS

Mit 88 Farbfotos von Stephan Pramme (6, 8–9, 10–11, 12,15 oben, 17, 18–19, 20 unten, 22, 24, 27, 29, 30, 33, 34–35, 36 unten, 38 oben, 44, 46–47, 49, 50–51, 54 unten, 56–58, 63–65, 67, 69, 74, 75 oben, 76, 79, 81 unten, 82–83, 85 unten, 86–87, 92 oben, 96–98, 105-106, 111 unten, 114, 117 rechts, 118, 124 unten, 133–135, 138, 140, 147, 148 oben, 152 links, 153 Mitte, 154 und 156 unten), 79 von Flyrus (4–5, 14, 16, 28, 31, 36 oben, 38 unten, 41, 42 oben rechts, 42 unten, 45, 48, 52–53, 54 oben, 59, 62, 66, 68, 72, 75 unten, 78, 80, 81 oben, 84, 85 oben, 88, 92 unten, 93, 94–95, 99–104, 107–110, 111 oben, 112–113, 116 links, 116 Mitte, 119, 122–123, 124 oben, 126-130, 136–137, 139, 141–144, 148 unten, 150–151, 152 rechts, 153 oben, 153 unten und 155-156), 2 von Robin Hochgesandt (42 oben links und 43), 1 von Viktor Eras (15 unten), 1 von Andreas Karl (20 oben) und 1 von Patrick Owomoyela (120), eine Illustration von Bastian Gierth (132), alle anderen Illustrationen von Kay Elzner

IMPRESSUM

Umschlaggestaltung von Jorge Schmidt unter Verwendung eines Farbfotos von Ole Rogowski.

Mit 172 Farbfotos und 10 Illustrationen.

Gedruckt auf chlorfrei gebleichtem Papier

ISBN 978-3-440-18463-9
Redaktion: Ben Boden
Gestaltungskonzept: Peter Schmidt Group GmbH, Hamburg
Gestaltung und Satz: DOPPELPUNKT, Stuttgart
Produktion: Markus Schärtlein
Druck und Bindung: Westermann Druck Zwickau GmbH
Printed in Germany / Imprimé en Allemagne

FSC
www.fsc.org
MIX
Papier | Fördert gute Waldnutzung
FSC® C110508